"十四五"时期国家重点出版物出版专项规划项目

空天推进技术系列丛书

变推力火箭发动机概论

胡春波　石　磊　李　江　刘林林

胡加明　胡　旭　朱小飞　杨建刚　编著

西北工业大学出版社

西　安

【内容简介】　本书着重阐述变推力火箭发动机的基本类型、系统结构、工作原理和发展动向。全书共 6 章,内容涉及变推力液体火箭发动机、变推力固体火箭发动机、固液混合火箭发动机、粉末火箭发动机、凝胶推进剂火箭发动机和膏体推进剂火箭发动机。

　　本书既可用作理工类高等学校飞行器动力工程、航空宇航推进理论与工程等专业教材,也可供相关研究领域的科研与技术人员参考。

图书在版编目(CIP)数据

变推力火箭发动机概论 / 胡春波等编著 . —西安 ：
西北工业大学出版社,2021.3
　(空天推进技术系列丛书)
　ISBN 978 - 7 - 5612 - 7601 - 3

　Ⅰ. ①变⋯　Ⅱ. ①胡⋯　Ⅲ. ①火箭发动机-概论
Ⅳ. ①V430

中国版本图书馆 CIP 数据核字(2021)第 056674 号

BIANTUILI HUOJIAN FADONGJI GAILUN
变 推 力 火 箭 发 动 机 概 论
胡春波　石磊　李江　刘林林　胡加明　胡旭　朱小飞　杨建刚　编著

责任编辑：张　潼　曹　江	策划编辑：华一瑾
责任校对：胡莉巾	装帧设计：李　飞

出版发行：西北工业大学出版社
通信地址：西安市友谊西路 127 号　　　邮编：710072
电　　话：(029)88491757,88493844
网　　址：www.nwpup.com
印 刷 者：西安浩轩印务有限公司
开　　本：787mm×1092mm　　　1/16
印　　张：12.25
字　　数：321 千字
版　　次：2021 年 3 月第 1 版　　2021 年 3 月第 1 次印刷
书　　号：ISBN 978 - 7 - 5612 - 7601 - 3
定　　价：68.00 元

前　言

为了适应我国高等教育的改革与发展,满足培养面向 21 世纪高技术人才的需求,针对"飞行器动力工程"专业培养需求,结合当前国内外最新研究进展,笔者以全面系统、结构合理、重点突出、例题丰富为原则,精心编写了本书。其中重点介绍变推力火箭发动机的基本类型、系统组成、工作原理及其在工程领域的相关应用现状,故取名为《变推力火箭发动机概论》。它可以作为学习变推力火箭发动机的入门教材,为读者在后续科研和工作中提供正确的思路和方向。

本书首先介绍常见的液体和固体火箭发动机的变推力方法,从基本的工作原理出发,结合系统和关键调节元件结构,具体而生动地讲述变推力火箭发动机的工作过程,并通过实例,介绍相关研究的前沿进展和研究思路;然后在前两个典型变推力火箭发动机的基础上,介绍固液混合火箭发动机的系统结构和工作过程,重点阐述固液推进剂的边界层燃烧机理以及基于该理论的推力调节原理,并通过推力调节实例展示相关理论在工程实践中的应用情况和研究现状;最后介绍以粉末火箭发动机、凝胶火箭发动机和膏体火箭发动机为代表的新型能量灵活管理的变推力火箭发动机,以系统组成、工作过程和工作原理为主线,尽可能具体地讲述三种变推力火箭发动机的推力调节方法,突出它们与传统液体火箭发动机在储存性能和燃烧性能等方面的不同,以拓宽读者视野,提升读者对比分析的能力,帮助读者了解新型变推力火箭发动机的研究现状和发展趋势。

本书是西北工业大学航天学院推进技术系根据多年来教学和科研实践经验组织编写的。第 1 章由石磊和朱小飞编写,第 2 章由李江编写,第 3 章由刘林林和胡旭编写,第 4 章由胡春波和杨建刚编写,第 5 章和第 6 章由胡加明编写。全书由胡春波任主编,负责统稿、校对以及定稿。李孟哲、魏荣刚、车雁宏和吴福珍同学在全书的插图绘制和公式编排方面做了不少工作。在此对所有参与本书出版的教师、博士研究生和硕士研究生表示诚挚的感谢!

在编写过程中,笔者参考了大量的相关文献,在此对其作者表示感谢。

限于水平和经验,本书在内容取舍、编排和观点阐述等方面难免存在不足之处,恳请广大读者批评指正。

编 者

2020 年 6 月

目　录

第1章　变推力液体火箭发动机 ························· 1

1.1　变推力液体火箭发动机基本工作原理 ············· 1

1.2　变推力液体火箭发动机系统 ··············· 9

1.3　可调环形喷注器 ······················· 12

1.4　可调气蚀文氏管 ······················· 17

1.5　挤压式变推力液体火箭发动机典型案例 ········· 25

1.6　泵压式液体火箭发动机变推力调节方案 ········· 28

第2章　变推力固体火箭发动机 ················· 35

2.1　变推力固体火箭发动机概述 ··············· 35

2.2　变推力固体发动机的分类 ················· 37

2.3　喉栓变推力发动机 ····················· 44

2.4　涡流阀变推力发动机 ··················· 53

2.5　电控固体推进技术 ····················· 59

第3章　固液混合火箭发动机 ··················· 63

3.1　固液混合火箭发动机的结构 ··············· 64

3.2　固液混合火箭发动机的推进剂 ············· 71

3.3　固液混合火箭发动机的边界层燃烧 ··········· 80

3.4　固液混合火箭发动机的性能 ··············· 84

3.5　固液混合火箭发动机推力调节实例 ··········· 87

3.6　固液混合火箭发动机应用方向 ············· 96

第4章　粉末火箭发动机 ····················· 100

4.1　粉末火箭发动机工作过程 ················· 100

4.2　粉末火箭发动机分类 ··················· 101

4.3　粉末推进剂 ························· 104

4.4　粉末推进剂供给系统 ··················· 112

4.5　液体 CO_2 供给系统 ··················· 115

4.6 推力室 ·· 122

4.7 粉末火箭发动机工作参数设计实例 ··· 133

4.8 粉末火箭发动机热试 ··· 138

第 5 章 凝胶推进剂火箭发动机 ··· 150

5.1 凝胶火箭发动机工作原理 ··· 150

5.2 凝胶火箭发动机的系统组成及功能 ··· 152

5.3 凝胶推进剂 ·· 155

5.4 凝胶火箭发动机的关键技术及应用实例 ····································· 163

第 6 章 膏体推进剂火箭发动机 ··· 170

6.1 膏体火箭发动机的系统组成及工作原理 ····································· 171

6.2 膏体推进剂 ·· 176

6.3 膏体火箭发动机的内弹道计算 ·· 179

6.4 膏体火箭发动机的关键技术与应用实例 ····································· 182

参考文献 ··· 189

第1章   变推力液体火箭发动机

研究现代火箭技术的先驱之一的 R. H. Goddard 早在 20 世纪初就提出了火箭发动机推力控制的必要性问题。具有推力控制能力的变推力火箭发动机在航天运输及空间飞行的许多情况下都具有技术上的优越性,航天运输系统的动力系统采用变推力火箭发动机,可以实现最佳推力控制,从而使运载能力达到最大。载人航天的主动段飞行使用变推力火箭发动机进行推进,可以严格控制航天器的过载,确保航天员的飞行安全,在诸如月球等天体中机动飞行及在其表面上软着陆的任务中,变推力火箭发动机是目前可用的动力装置。对于空间飞行器的交会对接与轨道机动,变推力发动机可以提高操纵控制的灵活性,并且可以将航天器的轨道控制与姿态控制两种推进系统合二为一,从而降低系统的复杂性。如果导弹系统采用变推力火箭发动机进行推进,则可以改善导弹飞行轨道的机动性,从而提高导弹武器的突防能力。在不含氧气的星球中,变推力火箭发动机是陆上车辆、海中舰艇和大气层内飞行器的主要动力装置。

液体火箭发动机是最成熟的变推力火箭发动机,是航天运输系统及空间飞行器推进与操纵控制的主要动力装置之一,是航天器的推进与控制的最佳动力方案之一,是航天飞行器动力系统的理想选择。此外,液体火箭发动机的推力调节和控制原理与技术是其他变推力火箭发动机的基础,对其他变推力火箭发动机的研究具有指导意义。

1.1   变推力液体火箭发动机基本工作原理

液体火箭发动机的推力控制通常有两种基本的实现形式,即控制推力大小和推力的延续时间,前者为变推力发动机,后者为脉冲式发动机。脉冲式发动机以一定的周期间歇式工作而产生推力,在工作时需要反复开闭阀门,容易给推进剂供给系统带来过大的负荷,降低发动机的可靠性。因此,脉冲式发动机并不适用于大型运载火箭发动机场合,推力一般很小,主要应用于卫星等航天器的姿态控制方面。脉冲式发动机的推力大小一般相对不变,因此并不在本课程学习的范围内。

1.1.1   变推力液体火箭发动机推力调节原理

变推力液体火箭发动机的推力调节原理是:液体推进剂发生燃烧反应,将化学能转变为热能,产生高温高压燃气,喷管膨胀将热能转变为动能,以超声速从喷管向后喷出,从而产生推力。火箭发动机的推力可以表示为

$$F = \dot{m}v_e + A_e(p_e - p_a) \tag{1-1}$$

式中: F 为推力; $\dot{m}$ 为燃气流量; v_e 为燃气喷管出口速度; A_e 为喷管出口截面积; p_e 为喷管出口截面上的气体静压; p_a 为外界压力。

在实际设计发动机过程中,会尽量使喷管处于完全膨胀状态,此时式(1-1)的右侧第二项相对第一项为小量。因此,发动机推力主要与推进剂流量和燃气的喷管出口速度的乘积成正比。燃气的喷管出口速度为

$$v_e = \sqrt{\frac{2\gamma}{\gamma-1}RT_c\left[1-\left(\frac{p_e}{p_c}\right)^{\frac{\gamma-1}{\gamma}}\right]} \tag{1-2}$$

式中: γ 为燃气比热比; T_c 为燃烧室总温; p_e/p_c 为压强比。燃气比热比和燃烧室总温主要和推进剂氧燃比有关。压强比可通过下式计算:

$$\frac{A_e}{A_t} = \frac{\left(\frac{2}{\gamma+1}\right)^{\frac{1}{\gamma-1}}\sqrt{\frac{\gamma-1}{\gamma+1}}}{\sqrt{\left(\frac{p_e}{p_c}\right)^{\frac{2}{\gamma}}-\left(\frac{p_e}{p_c}\right)^{\frac{\gamma+1}{\gamma}}}} \tag{1-3}$$

$$\dot{m} = A_t p_c \frac{\gamma\sqrt{\left(\frac{2}{\gamma+1}\right)^{\frac{\gamma+1}{\gamma-1}}}}{\sqrt{\gamma R T_c}} \tag{1-4}$$

综上所述,液体火箭发动机推力主要与推进剂流量、氧燃比和喷管面积比有关。推进剂流量越大,推力显然越大;氧燃比越接近最佳氧化剂和燃料混合比,燃烧室总温越高,燃气喷管出口流速越大,推力越大;在保证喷管不发生流动分离的条件下,喷管面积比越大,燃气喷管出口流速越大,推力越大。那么对于实际的液体火箭发动机,这些推力调节方法是否可行?技术难度有多大?

燃烧室总温会直接影响燃烧室内稳焰和燃烧效率,为保证发动机稳定可靠地工作,推进剂氧燃比一般保持在最佳氧燃比附近的较小范围内。只改变推进剂氧燃比将无法实现大变比推力调节。实际上,液体火箭发动机为保证发动机的燃烧稳定性,需要通过特殊的调节阀门来维持推进剂氧燃比。

变推力液体火箭发动机一般用于卫星或者航天器的姿轨控发动机上,喷管面积比往往很大,其上限值受到喷管长度的制约。因此,只改变喷管面积比也无法实现大变比推力调节。并且不管是调节喷管喉径还是调节喷管出口面积,对大面积比喷管来说,均具有极大的技术难度。

在保持氧燃比和喷管型面不变的条件下,压强比、燃烧室总温和燃气比热比均基本保持不变,喷管出口速度为常数。

由式(1-1)可知,发动机推力与推进剂质量流量近似为线性关系,有利于进行推力精确调节与控制。因此,变推力液体火箭发动机主要通过调节推进剂质量流量进行推力控制。

1.1.2　变推力液体火箭发动机推力调节技术途径

1.1.2.1　流量调节途径

目前,几乎所有应用于工程实践或者经过试验验证的双组元变推力火箭发动机均采用流量调节技术来实现推力调节。因此,采用各种技术,控制进入燃烧室的推进剂质量流量,是改变推力大小的关键。

如图 1-1 所示,以挤压式液体推进剂供给系统为例,它由气瓶、贮箱、供给管路、气蚀文氏管、喷注器和推力室组成。气瓶主要提供维持贮箱压力所需的挤压气,在挤压气的作用下,贮箱中的推进剂以某一恒定的压力流出。供给管路、气蚀文氏管和喷注器处存在流量和压力的平衡,这些平衡关系就构成了液体推进剂流量控制和调节的基本原理。

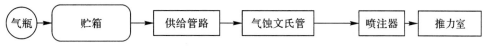

图 1-1　挤压式液体推进剂供给系统原理图

供给管路中的压力损失主要分为沿程压力损失和局部压力损失,两者均与液流的动能成正比,可表示为

$$\Delta p = \xi \frac{\rho v^2}{2} \tag{1-5}$$

一般管道压力损失系数 ξ 很小,供给管路中的压力损失基本可以忽略。

液体推进剂一般通过气蚀文氏管进行限流,其质量流量为

$$\dot{m} = C_s A_s \sqrt{2\rho(p_1 - p_s)} \tag{1-6}$$

式中:p_1 可近似为贮箱压力;p_s 为液体推进剂的饱和蒸气压;ρ 为推进剂密度,A_s 为文氏管节流喉道面积;C_s 为文氏管的流量系数。在高雷诺数的条件下,文氏管流量系数趋向定值。因此,液体推进剂质量流量基本与文氏管节流喉道面积成正比。通过改变气蚀文氏管的节流喉道面积,可有效调节液体推进剂的质量流量。

根据式(1-6)可知,从理论上实现推进剂质量流量调节有以下途径。

(1)调节喷注压降

喷注压降与推进剂质量流量成二次方关系,因此在上游管路中通过各种节流措施改变管路压力可以影响喷注压降,从而达到调节质量流量的目的。这是调节流量最为常用的方法。

(2)改变喷注面积

在其他物理量保持不变的情况下,喷注面积与推进剂质量流量成正比,因此选用喷注面积可调的喷注器是调节质量流量的方法。

(3)改变推进剂密度

与喷注压降一样,推进剂密度也与推进剂质量流量成二次方关系。在推进剂进入喷注器之前,如果推进剂蒸发或者向推进剂中掺混惰性气体,则会引起推进剂混合气体密度发生改变,从而使质量流量发生变化。

(4)改变流量系数

流量系数与质量流量成正比,因此,调节质量流量可以通过改变流量系数来实现。目前,

应用离心喷注器,能够比较有效地改变流量系数。

需要指出的是,流量调节技术所能达到的调节能力比较有限,当设计推力变比(最大推力与最小推力的比值)大于 5∶1 的变推力火箭发动机时,往往需要结合两种或两种以上的推力调节方式。

1.1.2.2 喷注调节途径

在液体火箭发动机大范围推力调节过程中,不仅需要对推进剂的流动过程进行快速的调节,而且其能量转换过程的组织必须适应工况的大范围改变。液体推进剂喷注雾化作为燃烧阶段最主要的准备过程,决定了推进剂的燃烧性能和能量转换过程。因此,在发动机变推力过程中往往需要保证液体推进剂的雾化性能不变。

如图 1-2 所示,液体推进剂雾化往往会经历射流或者液膜在气动力作用下的一次雾化过程和液滴的二次雾化过程。在一次雾化过程中,在气动力的作用下,射流或者液膜表面产生扰动,形成初始褶皱。随着射流或者液膜向下游运动,扰动不断积累和发展,射流和液膜不稳定,破裂成液丝和液带,并在表面张力作用下继续分裂成液滴。气动力越大,扰动的强度和频率越高,雾化性能越好。二次雾化是指一次雾化形成的粒径较大的液滴在气动力的作用下再次发生破碎的过程。

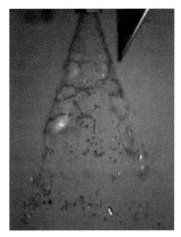

图 1-2　液体推进剂喷注雾化过程

二次破碎所需气动力的条件可用韦伯数表示为

$$We = \frac{\rho_g w^2 d_h}{\sigma} \qquad (1-7)$$

式中:ρ_g 为气体密度;w 为相对速度;d_h 为液滴的水力直径;σ 为液体的表面张力。

液体表面张力主要和液体的种类和温度有关,在推力调节过程中可认为是常数。分子部分与射流的相对动能成正比。在忽略喷注器附近的气流速度的条件下,射流相对动能等于射流的动能。根据伯努利方程可知,射流动能和喷注压降成正比。因此,喷注压降很大程度上会决定喷注的雾化性能。

$$\dot{m}_j = C_j A_j \sqrt{2\rho \Delta p_j} \qquad (1-8)$$

式中:Δp_j 为喷注压降;ρ 为推进剂密度;A_j 为喷嘴面积;C_j 为喷嘴流量系数。

根据式(1-8)可知,在液体火箭发动机的推力调节过程中,需要对喷注面积随着推进剂流量进行调节,保持喷嘴的喷注压降,以实现良好的雾化性能。

从"单调"变推力发动机发展到"双调"变推力发动机以来,喷注器调节成为绝大多数变推力火箭发动机的重要技术环节。性能优良的喷注器能将流量调节同保持高效率的燃烧结合在一起。但是,喷注器的运动组件增加了控制系统的复杂性,降低了可靠性。目前,可调环形喷注器、针栓式喷注器和离心喷注器等是工程上得以应用或已得到试验验证的喷注器。这部分内容将在后续章节具体介绍。

1.1.3 变推力液体火箭发动机主要性能参数及分析

理论上,变推力液体火箭发动机推力和推进剂流量成正比,然而由于实际燃烧条件(燃烧室总压)的变化,燃气性能参数将发生一定程度的偏移,从而会导致推力调节发生偏差。本小节将介绍变推力液体火箭发动机的主要性能参数,分析实际工作条件对这些性能参数的影响。

1.1.3.1 推力变比

喷管膨胀比 ε、喉部截面积 A_t、出口截面积 A_e 都是由喷管结构确定的,不随推力调节而改变,因此,在喷管流动不分离的条件下,喷管的压力比 p_c/p_e 在推力调节过程中也是定值。将式(1-2)~式(1-4)代入式(1-1)有

$$F = A_t p_c \left\{ \sqrt{ \frac{2\gamma^2}{\gamma-1} \left(\frac{2}{\gamma+1} \right)^{\frac{\gamma+1}{\gamma-1}} \left[1 - \left(\frac{p_e}{p_c} \right)^{\frac{\gamma-1}{\gamma}} \right] } + \varepsilon \left(\frac{p_e}{p_c} - \frac{p_a}{p_c} \right) \right\} \tag{1-9}$$

将真空推力系数记为

$$C_F^* = \sqrt{ \frac{2\gamma^2}{\gamma-1} \left(\frac{2}{\gamma+1} \right)^{\frac{\gamma+1}{\gamma-1}} \left[1 - \left(\frac{p_e}{p_c} \right)^{\frac{\gamma-1}{\gamma}} \right] } + \varepsilon \frac{p_e}{p_c} \tag{1-10}$$

则有

$$F = A_t p_c \left(C_F^* - \varepsilon \frac{p_a}{p_c} \right) \tag{1-11}$$

环境压力 p_a 与发动机的工作高度有关,虽然 p_a 随工作高度的变化而变化,但 p_a 与推力调节无关。在系统设计中将 p_a 取为定值,因此由式(1-11)可以看出,当喷管结构给定,且认为热容比为定值时,发动机推力只与燃烧室压力有关。

将变推力发动机的最大推力定义为 F_{max},有

$$F_{max} = A_t p_{c,max} \left(C_F^* - \varepsilon \frac{p_a}{p_{c,max}} \right) \tag{1-12}$$

式中:$p_{c,max}$ 为最大推力所对应的燃烧室压力。同理,定义最小推力 F_{min},有

$$F_{min} = A_t p_{c,min} \left(C_F^* - \varepsilon \frac{p_a}{p_{c,min}} \right) \tag{1-13}$$

式中:$p_{c,min}$ 为最低燃烧室压力。

将变推力发动机的推力变比 f 定义为最大推力与最小推力之比,可得

$$f = \frac{F_{max}}{F_{min}} = \frac{p_{c,max} C_F^* - \varepsilon p_a}{p_{c,min} C_F^* - \varepsilon p_a} \tag{1-14}$$

将最高燃烧室压力 $p_{c,max}$ 与最低燃烧室压力 $p_{c,min}$ 的比值定义为燃烧压力变比,并记为 σ,可得

$$\sigma = \frac{p_{c,max}}{p_{c,min}} \tag{1-15}$$

由式(1-14)可知,当发动机工作环境为真空,或喷管为最佳膨胀比时,可得

$$f = \frac{p_{c,max}}{p_{c,min}} = \sigma \tag{1-16}$$

也就是说,在喷管为最佳膨胀比或者外界环境为真空时的理想条件下,变推力发动机的推力变比等于燃烧室压力的变比。因此,工程上主要以燃烧室压力变比来衡量变推力发动机的推力变比。

1.1.3.2 变推力对性能参数的影响

火箭发动机的主要性能参数是比冲 I_s,特征速度 c^* 和推力系数 C_F,分别为

$$I_s = \frac{F}{g_0 \dot{m}} \tag{1-17}$$

$$c^* = \frac{p_c A_t}{\dot{m}} \tag{1-18}$$

$$C_F = \frac{F}{A_t p_c} \tag{1-19}$$

根据发动机的热力学工作原理,可以将以上性能参数表征为热力参数的函数,即

$$c^* = \frac{\sqrt{\gamma R T_c}}{\gamma \sqrt{\left(\frac{2}{\sqrt{\gamma+1}}\right)^{\frac{\gamma+1}{\gamma-1}}}} \tag{1-20}$$

$$C_F = \sqrt{\frac{2\gamma^2}{\gamma-1}\left(\frac{2}{\gamma+1}\right)^{\frac{\gamma+1}{\gamma-1}}\left[1-\left(\frac{p_e}{p_c}\right)^{\frac{\gamma-1}{\gamma}}\right]} + \frac{p_e - p_a}{p_c}\frac{A_e}{A_t} \tag{1-21}$$

由式(1-17)~式(1-19),可以得到

$$I_s = \frac{1}{g_0} C_F c^* \tag{1-22}$$

比冲、特征速度和推力系数是描述火箭发动机能量转换的主要性能参数。特征速度 c^* 代表燃烧室能量转换的性能,推力系数 C_F 代表喷管将燃气动能转化为推力的能力,而比冲 I_s 是燃烧室与喷管的总性能。由式(1-20)~式(1-22)计算得到的性能参数是火箭发动机的理论性能参数。

理论性能参数是火箭发动机在推进剂种类、组元比、燃烧室压力、喷管喉部截面积、喷管膨胀比等系统参数确定的情况下,在理想状况下所能得到的发动机最佳性能。实际上由于燃烧室雾化、混合及化学反应过程的不充分以及传热等引起的能量损失,火箭发动机的实际等效排气速度低于由式(1-20)给出的理想等效排气速度。通常,采用燃烧效率来描述发动机燃烧室的能量损失,将燃烧效率定义为实际等效排气速度与理想等效排气速度的比值。同样,考虑到喷管气流摩擦损失以及燃气三维流动和传热等带来的损失,将喷管的实际推力系数与理想推力系数之比定义为喷管效率,其可以表征喷管的能量损失。

提高燃烧效率与喷管效率是火箭发动机工程研制工作的重要目标。自现代火箭发动机诞生以来,对影响燃烧效率与喷管效率的各种因素的研究就一直持续并且从未停止。这些研究结果反映在各种著作与科学文献中,而且也被大量应用于实际工程中。下面主要讨论由变推

力所引起的发动机理想性能的变化。

对于调节推进剂流量进行推力控制的变推力液体火箭发动机,燃烧室压力和推力基本成正比。因此,研究变推力对性能参数的影响,也就是研究燃烧室压力变化对性能参数的影响。

变推力所引起的燃烧室压力 p_c 的变化对发动机性能参数的影响,主要包括三个方面:p_c 对推力系数 C_F 的影响;p_c 对热容比 γ 的影响,从而引起 C_F、c^* 的变化;p_c 对燃气气体常数 R 和温度 T_C 的影响,从而引起对 c^* 的影响。下面分别对这三方面的影响进行讨论。

(1)p_c 对推力系数 C_F 的影响

p_c 对推力系数 C_F 的直接影响表现在两个压力比 p_e/p_c 和 p_a/p_c 的变化上。由于压力比 p_e/p_c 是由喷管的面积比确定的,在喷管不出现过膨胀的条件下,p_e/p_c 保持为定值。p_a/p_c 是环境压力与燃烧室压力之比,当燃烧室压力随着推力的减小而降低时,p_a/p_c 使推力系数减小。由式(1-10)对真空推力系数的定义可以得到

$$C_F = C_F^* - \varepsilon \frac{p_a}{p_c} \tag{1-23}$$

显然,在环境压力为定值、喷管不出现过膨胀的条件下,推力系数 C_F 随燃烧室压力 p_c 的增大而增大(不考虑热容比 γ 的影响)。在真空环境下工作时,由于 $p_a=0$,且喷管始终处于最佳膨胀流动状态,因此 p_c 对 C_F 没有直接影响。

当环境压力一定时,变推力发动机的喷管不可避免地出现过膨胀流动状态。在工程设计中,如果按照最小推力时所对应的燃烧室压力确定变推力发动机的喷管最佳膨胀比,则变推力发动机在整个推力调节范围内都处于欠膨胀状态。这样一来,将引起过大的性能损失。因此,按最小推力确定最佳膨胀比是不合理的。由于变推力发动机的最大推力工作状态对应了最大推进剂消耗,提高最大推力工作状态的性能具有重要意义,因此将变推力发动机的喷管最佳膨胀比按最大推力所对应的燃烧室压力进行设计是相对合理的。在此情况下,随着推力的减小,燃烧室压力也降低,喷管的过膨胀程度随之增大,推力系数 C_F 随之减小。

以最大推力工作状态确定喷管的最佳膨胀比,变推力发动机推力调节过程中燃烧室压力 p_c 对喷管内流动状态的影响如图1-3所示。由于环境压力 p_a 为定值,随着推力减小,燃烧室压力 p_c 降低,喷管由最佳膨胀进入过膨胀。曲线 AO 表示最大推力时的最佳膨胀所对应的沿轴线压力分布。曲线 CO、DO、BO 表示过膨胀情况下沿轴线的压力分布。当燃烧室压力降低时,喷管内的膨胀过程在喷管起始段正常进行,但当下游某点上的压力低于出口压力时,气流从喷管壁分离,使得压力突然上升或产生压力激波。随着燃烧室压力 p_c 的进一步降低,分离点

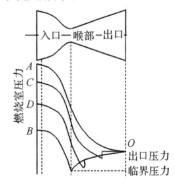

图1-3　变推力对喷管流动状态的影响

由喷管出口逐渐向喷管方向移动,直到分离点到达喉部为止。当燃烧室压力 p_c 非常接近环境压力时,整个喷管内均为亚声速流。p_c 降低引起推力系数 C_F 减小,实际的 C_F 值可以由分离点所对应的有效面积比计算得到。

(2)p_c 对燃气热容比 γ 的影响

燃烧室压力 p_c 对燃气热容比 γ 的影响主要是因为 p_c 对燃烧过程具有一定的影响。随着 p_c 的增大,γ 减小,因此随着推力的增大,γ 减小,随着推力的减小,γ 增大。燃气热容比 γ 减

小,表示燃气贮能能力提高,其结果是特征排气速度 c^* 和推力系数 C_F 均随之增大。因此,在变推力过程中,随着推力的减小,热容比增大,性能参数 c^* 和 C_F 均随之减小。

(3) p_c 对燃烧室温度 T_c 和燃气常数 R 的影响

燃烧室压力 p_c 的增大会使燃烧室温度 T_c 增大并使燃气常数 R 减小,但其综合效应使燃气的做功能力提高,从而使 c^* 增大。因此,随着推力的减小,燃气做功能力下降,c^* 亦随之减小。

综上所述,变推力发动机在喷管结构固定不变而采用调节推进剂组元流量的条件下,燃烧室压力随着推力的增大而升高,随着推力的减小而降低。受燃烧室压力变化的影响,推力增大使发动机的理论性能 C_F 和 c^* 均增大;反之,推力减小使发动机的理论性能 C_F 和 c^* 均减小。也就是说,变推力发动机在最大推力工作状态具有最大的推力系数 C_F、特征速度 c^* 和比冲 I_s。

1.1.3.3 响应性能参数

基于变推力发动机的特点,响应性能是其重要的性能,它是变推力发动机推力调节响应能力的度量。通常采用延迟时间、响应时间、调整时间和超调量等参数来描述变推力发动机的响应性能。

由于推力受推力系数变化的影响,因此在工程上,用燃烧室压力的响应过程来描述动态响应性能,用燃烧室压力 p_c 对阶跃控制指令的响应过程来定义变推力发动机的响应性能参数。如图 1-4 所示,将阶跃控制施加到变推力发动机上的时刻记为 t_0,将燃烧室压力上升到其稳态响应值的 10% 的时刻记为 t_{10},将燃烧室压力上升到其稳态响应值的 90% 的时刻记为 t_{90},将燃烧室压力的稳态值不再超出其稳态值 $\pm\Delta$ 的范围的起始时刻记为 t_Δ,将变推力发动机的响应性能参数定义如下。

(1) 延迟时间 T_d

将延迟时间 T_d 定义为阶跃控制指令的起始时刻 t_0 到燃烧室压力达到其稳态值的 10% 所对应的时刻 t_{10} 所经过的时间,即

$$T_d = t_{10} - t_0 \tag{1-24}$$

延迟时间 T_d 是对变推力发动机控制滞后特性的衡量指标。延迟时间 T_d 包含控制器、控制执行机构、供应系统元件以及喷雾燃烧过程的延迟时间的总和。延迟时间对变推力发动机的响应快速性及控制系统稳定性具有重要影响。

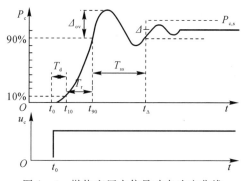

图 1-4 燃烧室压力信号动态响应曲线

（2）响应时间 T_r

将响应时间 T_r 定义为燃烧室压力从稳态值的 10％ 到 90％ 所经历的时间，即

$$T_r = t_{90} - t_{10} \qquad (1-25)$$

响应时间 T_r 是变推力发动机最重要的动态性能参数之一，是衡量变推力发动机响应快速性的最主要参数。

（3）超调量 Δ_{ov}

变推力发动机的燃烧室压力对阶跃控制指令的响应过程随系统的阻尼状态不同而具有不同形式。在欠阻尼的情况下，燃烧室压力的最大值会高于其稳态值，从而产生响应冲击。利用超调量 Δ_{ov} 来描述响应冲击的程度，其定义为

$$\Delta_{ov} = \frac{p_{c,m} - p_{c,s}}{p_{c,s}} \times 100\% \qquad (1-26)$$

式中：$p_{c,m}$ 为燃烧室压力的最大峰值；$p_{c,s}$ 为燃烧压力的稳态响应值。超调量 Δ_{ov} 是描述变推力发动机响应平稳性的指标。

（4）调整时间 T_{ss}

变推力发动机燃烧室压力的阶跃响应在欠阻尼情况下出现超调，并在其后经过一段振荡过程达到稳态值。在过阻尼的情况下，虽然没有超调，但燃烧室压力在达到 90％ 稳态响应值后会经过一个缓慢的跃升过程才能达到其稳态值。为了描述燃烧室压力达到稳态值的快速性，引入了调整时间 T_{ss}，并将其定义为

$$T_{ss} = t_{\Delta} - t_{90} \qquad (1-27)$$

燃烧室压力控制精度 Δ 根据推力控制精度来确定，一般为 3％～5％。

1.2　变推力液体火箭发动机系统

挤压式变推力液体火箭发动机系统由流量调节元件、控制执行元件、可调喷注器、推力室身部和推进剂贮箱及增压系统等五部分组成，如图 1-5 所示。推进剂贮箱及增压系统在图中没有给出。该变推力发动机系统采用可调气蚀文氏管作为流量调节元件，控制执行元件是由电磁阀和液压作动筒组成的电液控制机构，同轴式可调环形喷注器用于调节喷注条件，推力室身部采用烧蚀冷却材料。

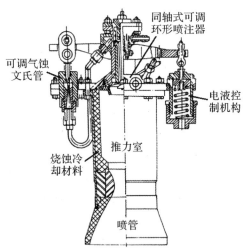

图 1-5　变推力发动机总体结构

变推力发动机的系统结构可以有多种形式。推力控制一般是通过控制推进剂流量实现的。为了实现在变推力条件下的最佳喷雾燃烧，在对流量进行控制的同时需要对喷注条件进行控制。流量控制与喷注条件控制方案的不同组合，可以构成变推力发动机的不同系统方案。

1.2.1 单调系统

单调系统利用可调喷注器可同时实现对推进剂流量和喷注条件的控制。由于只有可调喷注器一个调节元件，因而称为单调系统，其具有系统简单的特点。

图1-6所示是单调系统的原理。氧化剂和燃料在通过各自的供给管路后，均流经可调喷注器而进入推力室进行掺混燃烧。其中一小部分液体燃料充当液压油，与控制器、电磁阀一起组成电液控制执行机构。当需要增大推进剂流量时，这部分高压液体经电磁阀1流入可调喷注器，使可调喷注器开度增大；当需要减小推进剂流量时，可调喷注器中的液体经电磁阀2流至外界环境，使可调喷注器开度减小。因此，通过该电液控制执行机构可直接驱动可调喷注器，从而实现推力控制。推进剂组元比和喷注压降都随着推进剂流量的调节而被动调节。

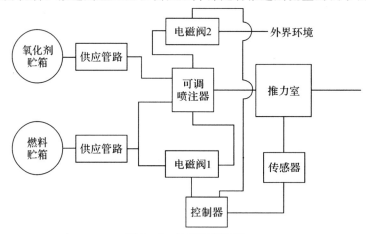

图1-6 单调系统原理

由于单调系统喷注压降无法主动控制，随着推力的调节，喷注压降及推进剂组元的混合比都在较大范围内变化。在最小推力下工作时，由于推进剂组元流量很小，燃烧室压力明显低于大流量时压力，而贮箱压力保持不变，因此喷注压降将明显提高。根据流量公式，要求可调喷注器开度极小，从而使得喷雾均匀性下降，燃烧效率降低，调节性能变差。

1.2.2 双调系统

双调系统利用可调气蚀文氏管与可调喷注器分别对推进剂流量和喷注条件进行控制，这样的调节方案既保证了较高的组元比控制精度，又保证了较为理想的喷注条件，可以保证变推力发动机具有较高的调节性能。

图1-7所示是双调系统的原理。电液控制执行机构基本与单调系统相同，可调气蚀文氏管与可调喷注器的调节部件通过杠杆结构与电液控制执行机构相连，喷注器的工作条件随着推进剂流量的改变而改变。由于采用可调气蚀文氏管进行流量调节，喷注压降只与推进剂流量和可调喷注器的开度有关。采用一个电液控制机构对可调气蚀文氏管和可调喷注器进行同步控制，简化了系统的复杂性。

双调系统可以利用可调气蚀文氏管对推进剂组元比进行较为精确的控制。采用特殊型面的可调气蚀文氏管针锥设计,还可以实现线性流量调节。在可调喷注器与可调气蚀文氏管通过杠杆机构联动调节的条件下,喷注压降实际上无法实现定常控制,这是由于可调喷注器的工作特性是变化的,而联动控制无法补偿可调喷注器的特性变化。

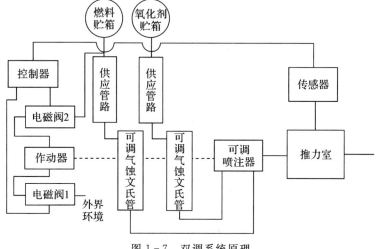

图 1-7 双调系统原理

1.2.3 流量定位系统

采用可调气蚀文氏管对推进剂组元的流量进行控制,而利用液压作用原理使可调喷注器随推进剂流量的改变而自动调节,从而保证喷注压降为定值。通常,将这种系统方案称为流量定位系统。流量定位系统具有精确控制推进剂组元比和喷注条件保持在最佳区域的优点。

图 1-8 为流量定位系统的构成。流量定位系统实际上是双调系统的进一步发展。电液控制作动系统驱动可调气蚀文氏管对推进剂流量进行控制。可调喷注器不与可调气蚀文氏管联动,而是利用另外设置的液压机构使其开度随推进剂喷注入口压力变化而自由浮动。

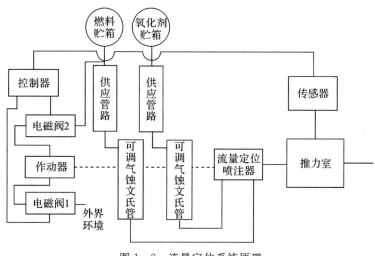

图 1-8 流量定位系统原理

流量定位系统克服了双调系统不能完全自主调节流量与喷注条件的缺点,又由于采用自主式液压浮动的可调喷注器而未在系统中设置两个独立的控制执行机构,因而相比双调系统,既提高了控制性能,又保持了系统的简单性。

流量定位系统是较为理想的变推力液体火箭发动机系统方案。由于采用了流量定位的自主式可调喷注器,因此该方案具有很好的适应性。对于采用泵压式供应系统的大型变推力液体火箭发动机,如果将可调喷注器设计成多个流量自动调节的喷注单元,则流量定位系统仍将是理想的变推力液体火箭发动机系统方案。

1.3　可调环形喷注器

可调环形喷注器是变推力液体火箭发动机调节喷注条件、改善喷雾燃烧性能的重要部件,它可以对两种组元的喷注流通截面积进行调节。在单调喷注器的系统中,可调环形喷注器既可调节喷注液膜的厚度,同时也是推进剂组元的流量调节元件。在双调系统中,流量调节元件是可调气蚀文氏管,可调环形喷注器通过连接机构与可调气蚀文氏管同步对喷注条件进行调节,以保证变推力条件下的喷雾燃烧效率。流量定位环形喷注器系统利用推进剂组元的液压作用力,随推进剂组元的流量变化而自动调节喷注器开度,从而保证在变推力条件下的等喷注压降,使喷雾燃烧效率始终处于最佳状态。可调环形喷注器还有一个突出的优点,就是可以实现推进剂组元的喷注器面断流控制,从而为变推力发动机的快速起动、关机及快速控制响应提供有力保证。

1.3.1　结构布局与参数选择

1.3.1.1　结构布局

变推力液体火箭发动机的可调环形喷注器通过一个环形调节套筒调节两个同轴环缝喷注通道的流通截面积,从而实现对燃料与氧化剂喷注压降、喷注液膜厚度及喷注速度的调节。环形调节套筒称为可调喷注器的针阀,两个环缝喷注通道分别称为燃料喷嘴与氧化剂喷嘴。用于单调系统的可调环形喷注器如图1-9所示。

可调环形喷注器在结构上由座体、针阀及中心杆组成,针阀内壁面与中心杆外表面组成燃料喷注通道,针阀外表面与座体的内表面组成氧化剂喷注通道。变推力发动机的燃烧室头部实际上由两个环缝形喷注通道组成的单一喷注单元所组成。单调系统利用可调喷注器作为流量控制元件,因而图1-9所示的单调系统可调环形喷注器的针阀由电磁阀液压作动器及反作用弹簧进行调节控制。在结构设计上将电磁阀液压作动器弹簧系统设计为一个整体,利用喷注器头盖上的调节螺母对弹簧的预紧力进行调节。头盖上的中心杆固定螺母同时也用来调节中心杆与座体间的相对位置。对于双调系统,如果针阀与可调文氏管进行机械连接,则不需要液压弹簧系统。若采用流量定位喷注器,则利用相应的液压定位结构取代上述液压弹簧系统。就可调环形喷注器喷注系统的结构与设计而言,各种系统是一致的。

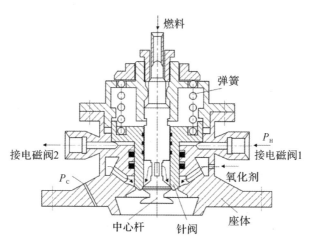

图 1-9　单调系统可调环形喷注器结构

1.3.1.2　主要设计参数

变推力发动机系统设计参数确定后,可调喷注器的喷注压降及推进剂组元的最大、最小流量已经确定。由流量公式可以得到环形喷嘴流通截面积为

$$A_{o,i} = \frac{\dot{m}_o}{C_o \sqrt{2\rho_o \Delta p_{o,i}}} \tag{1-28}$$

$$A_{f,i} = \frac{\dot{m}_f}{C_f \sqrt{2\rho_f \Delta p_{f,i}}} \tag{1-29}$$

式中:下标 o、f 分别表示氧化剂和燃料;A_i 为流通截面积;$\dot{m}$ 为推进剂流量;C 为流量系数;Δp_i 为喷注压降。

将系统设计所确定的氧化剂最大流量 $\dot{m}_{o,max}$、氧化剂最小流量 $\dot{m}_{o,min}$ 代入式(1-28),则可求得氧化剂喷嘴的最大、最小流通截面积 $A_{o,i,max}$、$A_{o,i,min}$。同样,将燃料的最大、最小流量 $\dot{m}_{f,max}$、$\dot{m}_{f,min}$ 代入式(1-29),则可求得燃料喷嘴的最大、最小流通截面积 $A_{f,i,max}$、$A_{f,i,min}$。

可调喷注器环缝形喷嘴的几何参数如图 1-10 所示。由喷嘴的几何关系,可以求得氧化剂及燃料喷嘴的流通截面积,即

$$A_{o,i} = \frac{1}{2}\left[\pi D_o + \pi(D_o + 2h\sin\alpha_o\cos\alpha_o)\right]h\sin\alpha_o = \pi D_o \sin\alpha_o h + \pi \sin^2\alpha_o\cos\alpha_o h^2 \tag{1-30}$$

$$A_{f,i} = \frac{1}{2}\left[\pi D_f + \pi(D_f - 2h\sin\alpha_f\cos\alpha_f)\right]h\sin\alpha_f = \pi D_f \sin\alpha_f h - \pi \sin^2\alpha_f\cos\alpha_f h^2 \tag{1-31}$$

式中:D_o 为针阀外壁面直径;D_f 为针阀内壁面直径;α_o 为氧化剂喷嘴喷注角;α_f 为燃料喷嘴喷注角;h 为针阀位移。

由式(1-30)和式(1-31)可以看出,喷嘴流通截面积是 α_o、α_f、D_o、D_f 以及针阀位移 h 的函数。

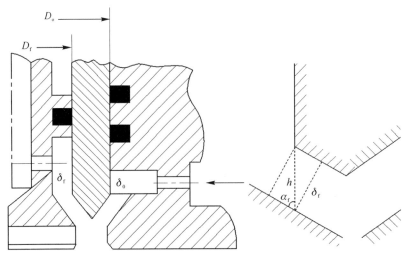

图 1-10　喷嘴结构几何关系

在 $A_{o,i}$、$A_{f,i}$ 随着总体和系统参数被确定以后,必须在结构上确定一组参数,使设计的喷注器获得最佳的性能。喷注器针阀最大位移 h_{max} 是与变推力发动机的动态性能和稳态性能密切相关的参数。从稳态性能来说,它会影响组元间的混合和雾化质量。在喷注流量一定的条件下,h 越大说明喷射的液膜越厚,喷射速度越小,雾化细度越差。实践证明,对于 $L_c^* = 0.5$ m 的燃烧室来说,液膜的厚度为 0.2 mm 为宜。喷射锥角 α_o 和 α_f 主要影响两股射流的撞击与混合。单元互击式喷嘴的研究证明,互击喷嘴的角度选择要遵从动量准则,即当两股撞击射流的合成动量角 $\delta = 0$ 时,获得的混合与雾化效果最佳。对于环形喷注器,在一定的假设条件下,其合成动量角 δ 可表示为

$$\tan\delta = \frac{D_o \Delta p_{o,i} \sin\alpha_o - D_f \Delta p_{f,i} \sin\alpha_f}{D_o \Delta p_{o,i} \sin\alpha_o \cos\alpha_o + D_f \Delta p_{f,i} \sin\alpha_f \cos\alpha_f} \tag{1-32}$$

如图 1-11 所示,角度 δ 即为撞击后合成动量与中心轴的夹角。由图 1-11 可见,增大 α_o、α_f 对减小合成射流的轴向流速是有利的。在 D_o、D_f 一定时,若 α_o、α_f 增大,则为保证喷注面积,$A_{o,i}$、$A_{f,i}$ 所需的开度 h 相应减小。由式(1-32)可知,δ 角可能有下列三种情况。

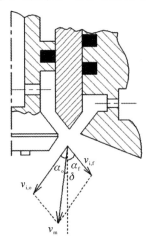

图 1-11　环形互击式喷嘴的射流动量

(1)$\delta = 0$

$$\frac{D_o \Delta p_{o,i} \sin\alpha_o}{D_f \Delta p_{f,i} \sin\alpha_f} = 1$$

(2)$\delta > 0$

$$\frac{D_o \Delta p_{o,i} \sin\alpha_o}{D_f \Delta p_{f,i} \sin\alpha_f} > 1$$

(3)$\delta < 0$

$$\frac{D_o \Delta p_{o,i} \sin\alpha_o}{D_f \Delta p_{f,i} \sin\alpha_f} < 1$$

实践证明,在第(3)种情况($\delta < 0$)下,能够获得沿燃烧截面较均匀的流强分布,图 1-12 为在离喷注面等距离的平面上三种情况下的流强分布情况。由此可见,对于环形互击喷嘴,无论$\delta > 0$ 还是 $\delta = 0$,都出现中心流强分布突起,反映出环形互击式喷嘴与圆孔互击式喷嘴不同的特有规律,这点在具体设计环形互击喷嘴时必须予以充分注意。热试车证明情况(1)(2)的流强分布对推力室的燃烧效率是不利的,因为它造成中心区的液滴聚合,其液滴具有比边区高得多的轴向速度。对于具有小特征长度的推力室来说,这种流强分布会使中心部分的推进剂不可能完全燃烧,因而燃烧效率低。在第(3)种情况下,虽然流强分布较好,但由于燃料动量大,在一次撞击的情况下,势必造成燃料穿透氧化剂的效应,使混合比分布不均。结果造成中心区余氧系数 α 高,边区余氧系数 α 低。根据这种原理,可以设计出较长寿命的推力室。

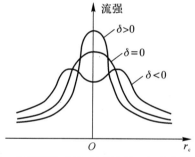

图 1-12　在不同的动量比下环形互击喷嘴的流强分布

喷注环的直径 D_o、D_f 是与混合效率 φ_m 和流强分布相关的参数。当燃烧室尺寸一定时,若 D_o、D_f 增大,对环状射流撞击后在燃烧截面 A_c 上的流强均匀分布是有利的。此外,在确定D_o、D_f 时,必须使 $|D_o - D_f|$ 小一些,让两环射流的相撞距离小一些。因为环形射流厚度薄、速度高,其稳定性差,喷出后液膜很快即呈丝条状分布,在这种情况下互击,其对应性是随机的,混合效果会变差;另一方面,$|D_o - D_f|$ 对于喷注器的动态性能也有一定的影响,因为它关系到针阀质量 M 的大小,同时也关系到室压 P_c 在针阀上的作用面积 A_{pc}。参数 A_{pc} 增大对动态性能是不利的。

综上所述,在进行结构参数选择时,必须综合考虑射流的混合、雾化以及流强分布,并据此选择所需的参数 h、D_o、D_f、α_o、α_f。

1.3.2　流量定位喷注器及其工作特性

流量定位喷注器利用喷注器内流体压力同弹簧力的平衡作用,使喷注器运动所控制的喷注通道截面积随推进剂流量的改变而改变,从而使变推力发动机在推力调节的整个范围内保持定常的喷注压降。定常的喷注压降反映了定常的推进剂喷注速度,从而可以保证推进剂组元有效的碰撞混合,可以提高变推力液体火箭发动机的效率。

在采用流量定位喷注器的变推力液体火箭发动机系统中,推进剂组元的流量由可调气蚀文氏管控制。以一定方式组合在一起的氧化剂与燃料的可调气蚀文氏管可以实现双组元推进剂流量的同步控制,而流量定位喷注器保证了推进剂组元的等压降喷注,从而保证了高的燃烧效率。这样的变推力发动机系统既能确保高性能又具有结构上的灵活性。

流量定位喷注器的结构原理如图 1-13 所示。氧化剂通过氧化剂入口经集液腔和喷注通道进入燃烧室,燃料由燃料入口经过集液腔及环形节流缝进入喷注通道喷入燃烧室,两种推进剂组元在燃烧室相撞混合燃烧。喷注器运动件将两个组元的环形喷注通道隔开,运动件的上下移动,会同时改变两个推进剂组元的喷注通道截面积。氧化剂喷注腔压力 $p_{o,i}$ 作用在面积 A_2 上,燃料喷注腔压力 $p_{f,i}$ 作用在面积 A_1 上,燃烧室压力 p_c 作用在运动件端部有效面积 A_c 上。运动件在各个压力及弹簧力的作用下,在一定的位置上平衡,可保持喷注器的相应开度。

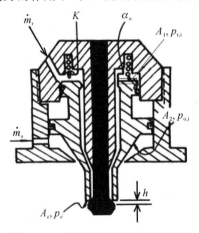

图 1-13　流量定位喷注器结构原理

在理想情况下,不考虑喷注器流量系数的变化,因而也不考虑燃料通道上环形节流缝的作用,并且认为燃烧室特征速度为常数。此时,喷注器的氧化剂流量 $\dot{m}_o$ 为

$$\dot{m}_o = C_o A_o \sqrt{2\rho_o \Delta p_i} \tag{1-33}$$

式中:C_o 为氧化剂通道的流量系数;A_o 为氧化剂喷注通道的截面积;Δp_i 为喷注压降;ρ_o 为氧化剂密度。对于环形喷注器,当 $h \ll 1$ 时,有

$$A_o = \pi D_o \sin\alpha_o h \tag{1-34}$$

式中:D_o 为氧化剂通道的直径;α_o 为氧化剂通道的倾角;h 为运动件的开度。

根据作用在喷注器运动件上的力的平衡关系,可以得到

$$p_{f,i} A_1 + K(h + h_o) = p_{o,i} A_2 + p_c A_c \tag{1-35}$$

式中:K 为弹簧刚度;h_o 为预压缩量。由推进剂组元比确定两个环形喷注通道的直径及倾角,在流量系数一定时,可以实现

$$p_{f,i} = p_{o,i} = p_i \tag{1-36}$$

因此

$$p_i = \frac{K(h+h_o) - p_c A_c}{A_2 - A_1} \tag{1-37}$$

从而有

$$\Delta p_i = p_i - p_c = \frac{K(h_o + h)}{A_2 - A_1} - \left(\frac{A_c}{A_2 - A_1} + 1\right) p_c \tag{1-38}$$

燃烧室压强 p_c 和氧化剂流量 $\dot{m}_o$ 之间满足

$$\frac{r+1}{r}\dot{m}_o = \frac{p_c A_t}{c^*} \tag{1-39}$$

式中：c^* 为特征速度；r 为组元比；A_t 为喷管喉部截面积。

结合式(1-33)、式(1-34)和式(1-39)，可将式(1-38)化为

$$\Delta p_i = p_i - p_c = \frac{Kh_o}{A_2 - A_1} + \left[\frac{K}{A_2 - A_1} - \left(\frac{A_c}{A_2 - A_1} + 1\right)\frac{c^*}{A_t}\frac{1+r}{r}\Phi_o\sqrt{\Delta p_i}\right]h \tag{1-40}$$

式中：Φ_o 一般为与喷注器结构参数和工作参数有关的常数，其表达式为

$$\Phi_o = C_o \pi D_o \sin\alpha_o \sqrt{2\rho_o} \tag{1-41}$$

由于流量定位喷注器设计的根本目的是保证在变流量条件下喷注器等压降工作，因而式(1-40)右侧第二项恒为零，即

$$K = (A_c + A_2 - A_1)\frac{c^*}{A_t}\frac{1+r}{r}\Phi_o\sqrt{\Delta p_i} \tag{1-42}$$

从而

$$\Delta p_i = \frac{Kh_o}{A_2 - A_1}$$

对于给定的几何参数及喷注压降 $\Delta p_{i,d}$，弹簧刚度为

$$K = (A_c + A_2 - A_1)\frac{c^*}{A_t}\frac{1+r}{r}\Phi_o\sqrt{\Delta p_{i,d}} \tag{1-43}$$

为了实现等喷注压降 $\Delta p_{i,d}$，必须有

$$h_o = \frac{(A_2 - A_1)\Delta p_{i,d}}{K} \tag{1-44}$$

若 A_1 与 A_2 相等，则应有 h_o 等于零。

1.4　可调气蚀文氏管

1.4.1　基本结构与主要参数

1.4.1.1　基本结构与工作原理

流量可调气蚀文氏管是由一个文氏管及在文氏管喉部中心同心安装的一个锥面或特定型面的可调节针锥组成的，如图1-14所示。

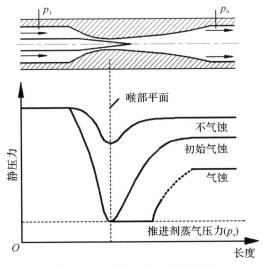

图 1-14   可调气蚀文氏管原理

通常,流量可调气蚀文氏管为了得到线性流量调节特性,要将针锥的型面做成特定型面,在某些允许的误差范围内,型面亦可做成锥形的。通过改变针锥的位置,可以使流动控制面积和流量发生相应变化,从而达到调节发动机推力和混合比的目的。

流量可调气蚀文氏管的工作原理与固定流通截面气蚀文氏管的工作原理相同,可以将流量可调气蚀文氏管设想为多个固定流通截面积的气蚀文氏管。随着文氏管喉部的压力降加大,会达到一个临界点,在该点,整个上游压力头转变成速度头和流体在工作温度下的饱和蒸汽压力,在入口温度和压力保持一定的情况下,降低下游压力不会引起通过文氏管流量的改变,这就保证了确定的流量,并且在一定范围内避免了下游压力波动的影响。对于一个液体火箭发动机来说,这两点都是很重要的。

流量可调气蚀文氏管根据这个原理,将发动机的流量和混合比调节到所要求的值,进而达到根据设计要求改变推力的目的。

流量可调气蚀文氏管的基本结构如图 1-15 所示。对双组元推进剂变推力液体火箭发动机而言,需要在燃料与氧化剂供应管路中同时设置可调气蚀文氏管,以达到等组元比调节流量的目的。用于燃料与氧化剂流量调节的两个气蚀文氏管的针锥可以利用杠杆连接在一起。两个组元的调节针锥的设计应保证所要求的组元比控制精度。

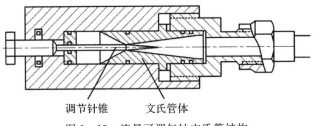

调节针锥   文氏管体

图 1-15   流量可调气蚀文氏管结构

变推力发动机的可调气蚀文氏管的文氏管体结构如图 1-16 所示,调节针锥结构如图 1-17 所示。

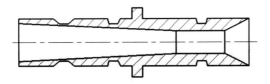

图 1-16　文氏管体结构

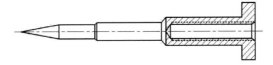

图 1-17　调节针锥结构

1.4.1.2　流量理论计算方法

假设流量可调气蚀文氏管的最小节流面积是 $ADD'A'$ 圆台的侧表面积（见图 1-18），其面积计算公式为

$$S = \pi L (R_1 + R_2) = \pi L \frac{d_1 + d_2}{2} \tag{1-45}$$

式中：S 为圆台侧表面积；L 为圆台侧表面回转母线长；R_1, d_1 为圆台上底半径和直径；R_2, d_2 为圆台下底半径和直径。

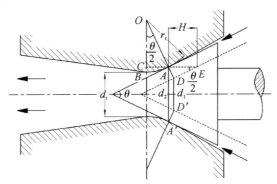

图 1-18　可调文氏管的几何关系

$$L = \overline{AD} = H \sin \frac{\theta}{2} \tag{1-46}$$

$$d_2 = d_t + 2\overline{BC} = d_t + 2r_t \left(1 - \cos \frac{\theta}{2}\right) \tag{1-47}$$

式中：H 为中心调节锥轴向行程；θ 为中心调节锥全角；d_t 为文氏管喉部直径；r_t 为文氏管喉部圆角半径。

$$d_1 = d_2 - 2L \cos \frac{\theta}{2} = d_t + 2r_t \left(1 - \cos \frac{\theta}{2}\right) - 2H \sin \frac{\theta}{2} \cos \frac{\theta}{2} \tag{1-48}$$

$$S = \pi L \left(\frac{d_1 + d_2}{2}\right) = \pi \sin \frac{\theta}{2} \left[d_t + 2r_t \left(1 - \cos \frac{\theta}{2}\right)\right] H - \pi \sin^2 \frac{\theta}{2} \cos \frac{\theta}{2} H^2 = bH - aH^2 \tag{1-49}$$

其中

$$b = \pi \sin \frac{\theta}{2} \left[d_t + 2r_t \left(1 - \cos \frac{\theta}{2} \right) \right] \qquad (1-50)$$

$$a = \pi \sin^2 \frac{\theta}{2} \cos \frac{\theta}{2} \qquad (1-51)$$

由流量计算公式得

$$G = CS \sqrt{2\rho_o (p_1 - p_s)} \qquad (1-52)$$

式中:C 为流量系数;ρ_o 为给定温度下流体的密度;p_1 为气蚀文氏管进口压力;p_s 为给定温度下流体的饱和蒸汽压。

将式(1-49)代入式(1-52)得流量可调气蚀文氏管流量计算公式为

$$G = C(bH - aH^2) \sqrt{2\rho_o (p_1 - p_s)} = CbQH - CaQH^2 = BH - AH^2 \qquad (1-53)$$

$$Q = \sqrt{2\rho_o (p_1 - p_s)} \qquad (1-54)$$

$$B = CbQ \qquad (1-55)$$

$$A = CaQ \qquad (1-56)$$

对确定的推进剂,在一定温度下,当进口压力 p_1 不变时,Q 为常数。当给定了文氏管结构参数 θ、d_t、r_t 时,A、B 亦为常数,这时文氏管流量 G 只随调节锥轴向行程 H 而变化。

由式(1-53)可得调节锥轴向行程 H 的计算公式为

$$AH^2 - BH + G = 0 \qquad (1-57)$$

$$H = \frac{B \pm \sqrt{B^2 - 4AG}}{2A} \qquad (1-58)$$

因为当 $H=0$ 时,$G=0$ 才有意义,所以在上式中只取负号,另一正根对所研究的问题无意义。

所以有

$$H = \frac{B - \sqrt{B^2 - 4AG}}{2A} \qquad (1-59)$$

由式(1-57)可知,流量 G 与行程 H 的关系是非线性的,在调节过程中希望 G 与 H 为线性关系或接近线性关系,并使线性误差在允许范围以内。

由式(1-57)可以看出,流量公式中包括线性项 BH 与非线性项 AH^2。现在研究非线性项系数变化的规律。由式(1-55)可知,在 C、Q 为常数(C 在设计时可取为常数,而在实际工作过程中是变化的)的情况下,主要是系数 a 影响 A 的变化。下面研究 a 的变化情况。已知

$$a = \pi \sin^2 \frac{\theta}{2} \cos \frac{\theta}{2}$$

取其对 θ 的导数,有

$$\frac{\mathrm{d}a}{\mathrm{d}\theta} = \pi \sin \frac{\theta}{2} \left(1 - \frac{3}{2} \sin^2 \frac{\theta}{2} \right)$$

令 $\mathrm{d}a/\mathrm{d}\theta=0$,则有 $\sin(\theta/2)=0$,也即 $\theta=0,\pi,\cdots$。另外由

$$1 - \frac{3}{2} \sin^2 \frac{\theta}{2} = 0$$

则有

$$\sin \frac{\theta}{2} = \pm \sqrt{\frac{2}{3}}$$

根据所研究问题的实际情况，θ 应在 $0° \sim 180°$ 范围之内，故取其正根，则

$$\sin \frac{\theta}{2} = \sqrt{\frac{2}{3}} = 0.816\,5$$

也即 $\theta/2 = 54°45'$，$\theta = 109°30'$。故 $a_{max} = 1.208\,88$。系数 a 随 θ 的变化关系曲线如图 1-19 所示。

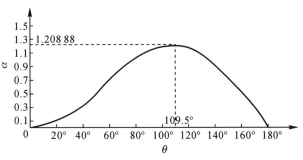

图 1-19 系数 a 随锥角 θ 的变化曲线

由图 1-19 中的曲线可以看出，系数 a 在 θ 较小时其值较小，而且变化缓慢。当 θ 等于 $0°$ 或 $180°$ 时，系数 $a = 0$，而 θ 在 $0° \sim 180°$ 之间存在一个极大值，出现在 $\theta = 109.5°$ 处，$a_{max} = 1.208\,88$。在所研究的问题范围内，a 是一个较小的值且不会超过 a_{max}。

可以看出，减小角度 θ 可使 a 值减小，而且 a 较 b 减小得快，这是因为 b 中含有 $\sin(\theta/2)$ 而 a 中含有 $\sin^2(\theta/2)$。因此，通过减小 θ 似乎可以减小流量调节的非线性误差，但实际上由于角度的减小而引起 H 值显著增大。综合起来，随着 θ 减小，其非线性误差反而增大。总体来说，角度的变化对非线性误差有影响，但影响不太显著，而对行程 H 的影响较大，特别是在小角度时，随着角度 θ 增大，H 值急剧减小。

1.4.2 实际工作特性

以上讨论的可调气蚀文氏管的设计和计算关系都是基于文氏管的理论特性而言的。实际上，随着文氏管工作条件的改变以及调节针锥位置的移动，可调气蚀文氏管的实际工作特性是变化的。可以利用流量系数与压力恢复系数来描述可调气蚀文氏管的实际工作特性。

将可调气蚀文氏管的流量系数定义为调节锥位置一定时所对应的喉部流通截面积下的实际流量与理论流量的比值，也即

$$C_v = \frac{G(H)}{G_{th}(H)} \qquad (1-60)$$

式中：$G(H)$ 为调节锥行程为 H 时的实际流量；$G_{th}(H)$ 为调节锥行程为 H 时的理论流量。

可调气蚀文氏管的压力恢复系数定义为调节锥位置一定时，文氏管出入口压力的比值，也即

$$\varphi = \frac{p_2}{p_1} \qquad (1-61)$$

式中：p_2 为可调气蚀文氏管扩散段出口压力；p_1 为文氏管收敛段入口压力。压力恢复系数反映了可调气蚀文氏管的水力损失与气蚀区损失。实际上，可调气蚀文氏管的实际工作特性受通道内流体水力损失与气-液二相流的共同影响。

1.4.2.1 气蚀文氏管的气-液二相流的影响

在推进剂管路中的液体均含有一定量的气体,这些气体可以是液体本身的蒸汽或者来自增压气体。这些气体以小气泡的形式悬浮于液体中,因此在文氏管中的流动实际上是一种气-液二相流。这种二相流体的密度 ρ_{lp} 由下式计算:

$$\frac{1}{\rho_{lp}} = \frac{X}{\rho_g} + \frac{1-X}{\rho_l} \tag{1-62}$$

式中:ρ_g 为气体密度;ρ_l 为液体密度;X 为二相流中的气体质量分数(或品质数)。

$$X = \frac{m_g}{m_g + m_l} \tag{1-63}$$

文氏管中的气体质量分数由实验确定,例如可用下列实验相关式来计算:

$$X = \theta_1 \sqrt{\frac{\rho_g}{\rho_l}} + \theta_2 K_f F_p^{\theta_3} + \theta_4 K_f^2 F_p^{\theta_5} \tag{1-64}$$

式中:θ_1、θ_2、θ_3、θ_4、θ_5 为经验常数;K_f 为液相文氏管系数;F_p 为修正的 Collins 参数。F_p 由下式确定:

$$F_p = d^2 (\rho_g \Delta p)^{\frac{1}{2}} / \dot{m}_{lp} \tag{1-65}$$

式中:d 为管道直径;Δp 为压力降;$\dot{m}_{lp}$ 为二相流质量流量。

气蚀文氏管工作时,收敛段内及扩散段内均为二相流动。当喉部压力降至液体的蒸汽压力 p_s 时,在喉部下游的扩散段内出现气蚀汽泡区,该气蚀气泡区具有非定常的性质,在这种情况下,收敛段和扩散段内的流体分别具有不同的气体质量分数。

在气-液二相流动时,实际的压力损失大于液相流动时的压力损失,主要原因为形成气-液界面会消耗更多能量。按照 Lockhart-Martinelli 方法,假设在气蚀文氏管收敛段内气泡均匀分布,流态为紊流,管壁无滑流,则气-液二相流动时的压力损失 Δp_{lp} 可按液相压力损失 Δp 增大一个因子 φ_{lp}^2 来计算,即

$$\Delta p_{lp} = \varphi_{lp}^2 \Delta p \tag{1-66}$$

$$\Delta p = 2 f_1 \frac{\rho_l v_t^2}{2} I_x \tag{1-67}$$

式中:f_1 为无量纲液相平均摩擦因子,与雷诺数及管壁粗糙度有关,由实验确定,有

$$f_1 = \frac{\tau_w}{\frac{\rho_l v_t^2}{2}} \tag{1-68}$$

$$I_x = \int_0^L \frac{\mathrm{d}x}{R(x)} \tag{1-69}$$

式中:v_t 为文氏管喉部流速;τ_w 为平均摩擦剪应力;$R(x)$ 为收敛段半径随轴线长度 x 的变化关系。对于半径按线性规律变化的通道,有

$$R(x) = r_1 - (r_1 - r_t) \frac{x}{L} \tag{1-70}$$

$$I_x = \int_0^L \frac{\mathrm{d}x}{r_1 - (r_1 - r_t) \dfrac{x}{L}} = -\frac{L}{r_1 - r_t} \int_0^L \frac{\mathrm{d}\left[r_1 - (r_1 - r_t) \dfrac{x}{L} \right]}{r_1 - (r_1 - r_t) \dfrac{x}{L}}$$

$$= -\frac{L}{r_1 - r_t}\ln\left[r_1 - (r_1 - r_t)\frac{x}{L}\right]\Big|_0^L = \frac{L}{r_1 - r_t}ln\frac{r_1}{r_t} \tag{1-71}$$

在圆柱形通道的情况下

$$R(x) = \frac{D}{2} = 常数 \tag{1-72}$$

$$I_x = \frac{2L}{D}$$

φ_{lp} 为考虑二相流的因子,与参数 X_{tt} 有关(见表 1-1),X_{tt} 的值由下式决定:

$$X_{tt} = \left(\frac{1-X}{X}\right)^{0.9}\left(\frac{\rho_g}{\rho_l}\right)^{0.5}\left(\frac{\mu_l}{\mu_g}\right)^{0.1} \tag{1-73}$$

式中:μ_l 为液体黏度系数;μ_g 为气体黏度系数。

表 1-1 二相流因子

X_{tt}	0.01	0.02	0.04	0.07	0.1	0.2	0.4	0.7	1
φ_{lp}	128	68.4	38.5	24.4	18.5	11.2	7.05	5.04	4.2
X_{tt}	2	4	7	10	20	40	70	100	
φ_{lp}	3.1	2.38	1.96	1.75	1.48	1.29	1.17	1.11	

由能量方程和连续方程,并考虑到式(1-66)及式(1-67),可导出气蚀文氏管二相流动时的流量公式为

$$G_{lp} = C_{lp}A_t\sqrt{2\rho_{tt}(p_1 - p_t)} \tag{1-74}$$

式中:A_t 为文氏管喉部截面积;ρ_{tt} 为二相流动时文氏管喉部的流体密度;p_1 为文氏管入口处的压力;p_t 为文氏管喉部的压力;C_{lp} 为二相流动时文氏管的流量系数。

$$C_{lp} = \left[1 - \frac{\rho_{tt}}{\rho_{lp}}\left(\frac{A_t}{A_1}\right)^2 + 2\varphi_{lp}^2 f_1 I_x \frac{\rho_{tt}}{\rho_l}(1 - X_t)^2\right]^{-\frac{1}{2}} \tag{1-75}$$

$$C_{lp} = \left[1 - \frac{\rho_{tt}}{\rho_{lp}}\left(\frac{A_t}{A_1}\right)^2 + 2\varphi_{lp}^2 f_1\left(I_x + \frac{2L}{D_t}\right)\frac{\rho_{tt}}{\rho_l}(1 - X_t)^2\right]^{-\frac{1}{2}} \tag{1-76}$$

式(1-75)适用于收敛段后无圆柱段的情况,式(1-76)适用于收敛段后有圆柱段(长度为 L,直径为 D_t)的情况。由以上诸式可见,调节文氏管的针锥时,流量系数将相应地发生改变。

1.4.2.2 主要参数的实验结果

可调气蚀文氏管的实际工作特性可以由实验方法确定。可调气蚀文氏管流量系数的实验结果如图 1-20 所示。

图 1-21 是可调气蚀文氏管压力恢复系数的实验结果。针对压力恢复系数的大量实验研究表明,在其他条件不变时,在文氏管喉部适当增加一个圆柱段,会得到较高的压力恢复系数。

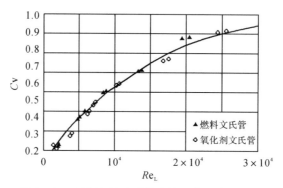

图 1-20 可调气蚀文氏管流量系数的实验结果

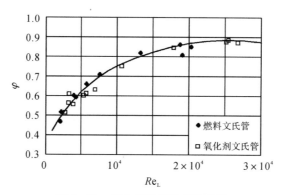

图 1-21 压力恢复系数实验结果

引入如下无量纲变量：

$$p^* = \frac{p_1}{p_{1,m}} \qquad\qquad (1-77)$$

$$h^* = \frac{H}{H_1} \qquad\qquad (1-78)$$

$$l^* = \frac{l_1}{D_t} \qquad\qquad (1-79)$$

式中：p_1 为文氏管入口压力；$p_{1,m}$ 为设计最大入口压力；l_1 为圆柱段长度；D_t 为喉部横截面直径。利用最小二乘法对实验数据进行回归处理，可以得到如下经验公式：

$$\varphi = 0.175\,60 + 0.102\,21p^* - 0.015\,90p^*h^* - 0.001\,67l^{*3}h^{*2} + 0.221\,74l^*h^* +$$
$$0.114\,80h^* - 0.086\,81l^{*2}h^* + 0.016\,05l^{*2}h^{*2} + 0.008\,83l^{*3}h^* - 0.039\,93l^*h^{*2}$$

$$(1-80)$$

对喉部圆角半径 r_t 的确定亦可通过实验进行。当 r_t 取较大值时，流动情况较好，损失小，流量系数较大但流量系数的恒定度（恒定度用在相同的外界条件下，重复测量同一实际值，仪表各指示值之间的最大差值——变差来表示）差。当 r_t 取较小值时，损失大，流量系数降低但恒定度较好。故要视可调气蚀文氏管的用途选择适当值。液体火箭发动机变推力用流量可调气蚀文氏管对流量与混合比精度要求高，要求恒定度较好，宜选择较小些的 r_t 值。

1.5　挤压式变推力液体火箭发动机典型案例

1.5.1　7 500 N 变推力发动机技术方案

1.5.1.1　任务需求及技术指标

探月工程二期嫦娥三号探测器对 7 500 N 变推力发动机的要求主要包括任务需求和技术指标要求等。

（1）任务需求

7 500 N 变推力发动机作为探测器轨控发动机，提供探测器中途修正、近月制动、降轨、软着陆需要的主要动力，探测器在月表着陆过程中，需要在 100 m 高度上悬停和横向机动，以选择合适的着陆地点，即需要主发动机具有变推力能力。

（2）技术指标

表 1-2 为 7 500 N 发动机的主要技术指标，从表中可以看出，无论从性能还是结构质量、尺寸等方面，对发动机的要求都比较苛刻。

表 1-2　7 500 N 发动机的主要技术指标

参数名称	主要技术指标
真空推力	7 500～1 500 N，推力变比 5:1
真空比冲	大于 3 018 N·s/kg(308 s)
起动次数	≥30 次
工作时间	累计工作时间大于 2 000 s 单次最长工作时间大于 1 000 s
起动和关机响应	$t_{90} <$ 500 ms，$t_{10} <$ 200 ms
外形尺寸	≤ϕ830 mm×1 460 mm
结构质量	<39 kg

1.5.1.2　系统方案

综合 7 500 N 变推力发动机的任务需求，从简单可靠的角度出发，确定采用流量定位双调开环控制系统方案，如图 1-22 所示。发动机主要由氧化剂断流阀、燃料断流阀、流量调节器、推力室（包括针栓式喷注器、燃烧室和喷管）及管路等组成。发动机采用挤压式推进剂输送方式，流量采用流量调节器控制，喷注器采用喷注面积可自主调节的流量定位针栓式喷注器。

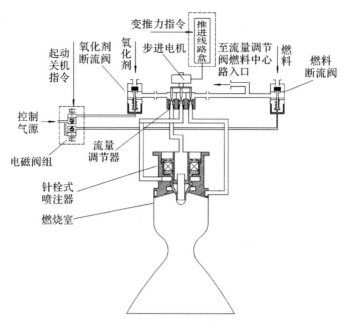

图 1-22　7 500 N 变推力发动机系统原理

1.5.1.3　基本工作过程

7 500 N 变推力液体火箭发动机的基本工作过程如下。

（1）流量调节器初始化

发动机起动前,推进剂分系统给发动机流量调节器步进电机通电。在推进线路盒的控制下,步进电机驱动调节锥运动,调整流量调节阀在最大开度位置。

（2）发动机起动准备

发动机起动前,根据总体的推力需求,在推进线路盒的控制下,步进电机驱动调节锥运动到相应的起动位置,并处于通电锁死状态。

（3）发动机起动

接到起动指令后,在推进线路盒的控制下,发动机氧化剂和燃料断流阀打开。氧化剂和燃料经流量调节阀后充填进入推力室喷注器头腔,小部分燃料经固定喷注面积的冷却孔进入边区并对燃烧室内壁进行液膜冷却,氧化剂及大部分燃料经同轴针栓式喷注器喷入燃烧室点火燃烧,产生的燃气经喷管喷出产生推力,发动机起动。

（4）变推力工作

当需要变推力工作时,由推进线路盒按相应的控制要求控制步进电机运动,步进电机再驱动调节锥运动,改变流量调节阀的流通面积,使发动机推进剂流量发生变化,实现对推力室推进剂流量与混合比的控制,直至达到推进分系统所需的目标值推力。

（5）发动机关机

接到关机指令后,在推进线路盒的控制下,氧化剂和燃料断流阀中的控制气体经排气电磁阀排出,两断流阀在弹簧力及入口推进剂压力的作用下关闭,切断推力室推进剂供应,发动机关机。

1.5.2　试验情况

1.5.2.1　地面试验情况

在 7 500 N 变推力发动机研制过程中,进行了大量的地面试验验证。整个研制过程中,共进行了 53 台/次整机试车,发动机累计点火 517 次,累计工作 66 200 s,其中包括多次整机短喷管地面试车及整机大喷管高模试车。对发动机各项性能指标、发动机所有可能的工作模式(长程工作、阶跃变推力、连续变推力、模拟着陆飞行程序等)、环境条件及各种极限条件下的工作裕度、工作寿命等进行了充分的验证。发动机试车验证结果表明,7 500 N 变推力发动机工作可靠,各项指标满足总体要求。典型长程高模试车的参数曲线如图 1 - 23 所示。发动机主要技术指标满足情况见表 1 - 3。

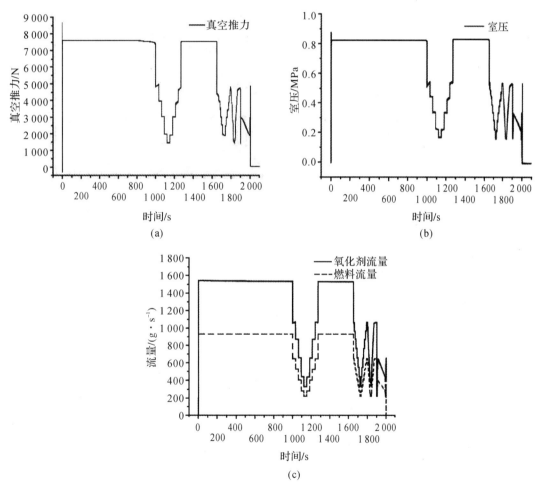

图 1 - 23　7 500 N 变推力发动机典型地面试车曲线

(a)典型试车推力曲线;(b)典型试车室压曲线;(c)典型试车流量曲线

表 1-3　7 500 N 发动机主要技术指标满足情况

参数名称	主要技术指标
真空推力	实际推力范围可达 8 250～1 200 N,推力变比 6.87∶1
真空比冲	3 028 N·s/kg(309 s)
起动次数	大于 30 次
工作时间	累计工作时间大于 4 000 s 单次最长工作时间大于 2 000 s
起动和关机响应	t_{90}<400 ms, t_{10}<200 ms
外形尺寸	≤φ830 mm×1 460 mm
结构质量	<39 kg

1.5.2.2　飞行试验情况

2013 年 12 月,7 500 N 变推力发动机参加了嫦娥三号的飞行任务。作为嫦娥三号探测器推进分系统主发动机,其圆满完成了嫦娥三号探测器地月转移飞行的第 2 次中途修正(7 500 N 工况固定推力工作约 10 s)、近月制动(7 500 N 工况固定推力工作约 360 s)及动力下降段的软着陆(7 500 N 工况固定推力工作及变推力工作,约 720 s)飞行任务,发动机共工作 3 次,累计工作约 1 090 s。飞行工作过程中,发动机各次起动、关机均正常,发动机圆满完成了固定推力的长程工作、连续变推力等工作模式的工作。根据飞行遥测数据分析,发动机各项技术指标均满足要求。至此,7 500 N 变推力液体火箭发动机在我国首次使用,便圆满完成了嫦娥三号探测器月面软着陆飞行任务,实现了我国首次地外天体软着陆。

1.6　泵压式液体火箭发动机变推力调节方案

上述内容主要阐述了挤压式系统变推力发动机的工作原理和功能部件,但挤压式系统往往应用于小推力液体火箭发动机。对采用涡轮泵进行推进剂增压的大推力液体火箭发动机来说,实现变推力调节,除了需要流量调节元件、可调喷注器外,还必须考虑涡轮泵的调节方案。

变推力发动机正常工作的关键在于控制推进剂流量或燃烧室压力的大小,从而达到推力调节的目的。采用节流装置调节控制涡轮泵的功率输入,来改变涡轮泵的转速,进而调节涡轮泵的输出压力,以调节推进剂流量和发动机推力,这是最常用的方法。

涡轮功率表达式为

$$P_t = mL\eta_t \tag{1-91}$$

式中:m 为质量流量;L 为绝热功;P_t 为涡轮功率;η_t 为涡轮效率。

绝热功表达式为

$$L = \frac{k_g}{k_g-1} R_g T_i \left[1 - \left(\frac{1}{\pi_t} \right)^{\frac{k_g-1}{k_g}} \right] \tag{1-92}$$

式中:k_g 为燃气比热比;$R_g T_i$ 为燃气热值;π_t 为涡轮压比。

燃气发生器或补燃循环均为发生器混合比的函数。

从式(1-92)中可以看出,通过改变涡轮燃气流量以及绝热功均可改变涡轮功率,从而改变涡轮泵转速。由于燃气发生器中燃气温度不能过高,燃气热值的调节受限,一般主要通过改变涡轮燃气量来调节涡轮的功率。在涡轮燃气系统里可设置节流装置的位置通常有:副系统前路(即燃气发生器推进剂供应路),涡轮燃气路,主系统路(即燃烧室推进剂供应路),等等。因此,泵压式液体火箭发动机推力调节可选用以下几种方案:

1)副系统双路调节方案;

2)副系统单路调节方案;

3)涡轮燃气放气方案;

4)泵后主系统路节流调节方案;

5)泵后主系统路旁路回流调节方案。

1.6.1 调节方案

1.6.1.1 副系统双路调节方案

副系统双路调节方案是在副系统两路供应管路上安装可变开度的调节阀,通过改变其开度,调节燃气发生器供应管路的流阻,同时改变进入燃气发生器的氧化剂和燃料的流量,从而改变发动机的推力。调节过程中氧燃比不变,采用氧化剂路和燃料路同比调节的方式。该方案推进剂利用率高,副系统混合比较稳定,但会增加结构质量,且要求副系统两阀门协同调节,控制难度较大。采用这种方案,在低工况时有可能会出现发生器喷注器压降偏小、燃烧稳定性差的现象,副系统双路调节方案系统简图如图1-24所示。

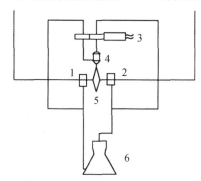

图1-24 副系统双路调节方案系统简图

1,2—泵;3—调节阀;4—发生器;5—涡轮;6—推力室

1.6.1.2 副系统单路调节方案

副系统单路调节方案只调节燃气发生器一种组元的流量,一般选择发生器较小流量组元,即通过改变燃气发生器燃料或氧化剂供应管路的流阻来改变发生器燃料或氧化剂的流量,另一路系统不节流,而是被动地变化,达到调节推力的目的。当燃气发生器单路调节时,发生器混合比会变化,当混合比变化范围达到其极限时,推力不能再调节。因此,该方案的推力调节范围和混合比调节范围均有限,但相对于双路调节方案,该方案结构简单,设计难度低,具有较高的调节灵敏度,副系统单路调节方案系统简图如图1-25所示。

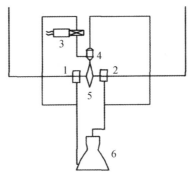

图 1-25 副系统单路调节方案系统简图

1,2—泵;3—流量调节阀;4—发生器;5—涡轮;6—推力室

1.6.1.3 燃气排气调节方案

燃气排气调节方案是在发生器后、涡轮入口之前,设置旁通放气管路,在放气管路上安装可调节开度的耐高温燃气调节阀,通过改变调节阀的开度来调节燃气的排出量,将一部分未做功的燃气排出,达到调节推力的目的。在燃气放气调节过程中,推力室、发生器流路不调节,而是随动变化。该方案的优点是:系统简单,由于液路不直接调节,在调节过程中调节稳定性好。在最小工况时,相对其他方案,发生器流量较大,可以避免发生器喷注器压降偏低。制约该方案的因素是涡轮前放气,会造成性能损失,当系统调节到最小推力时,发动机比冲将下降较多,燃气排气调节方案系统简图如图 1-26 所示。

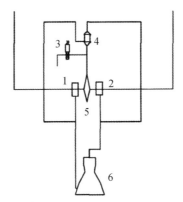

图 1-26 燃气排气调节方案系统简图

1,2—泵;3—燃气调节阀;4—发生器;5—涡轮;6—推力室

1.6.1.4 泵后主系统路节流调节方案

泵后主系统路节流调节方案是:在泵后的推进剂供应管路上设置可变开度的流量调节阀,其位置在发生器推进剂供应管路分叉点之后的主系统路上,根据主路工作要求改变调节阀的开度,在主路调节过程中,发生器流路不调节,而是随动变化,从而实现变推力。泵后主系统节流方案的优点是直接控制推力室推进剂流量,从而实现快速响应和精准控制,但是,在减小推力的过程中会造成发生器憋压,增大涡轮泵负载从而降低发动机性能。泵后主系统路节流调节方案系统简图如图 1-27 所示。

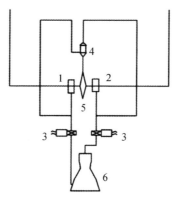

图 1-27　泵后主系统路节流调节方案系统简图

1,2—泵;3—流量调节阀;4—发生器;5—涡轮;6—推力室

1.6.1.5　泵后主系统路旁路回流调节方案

该方案是在泵后推进剂管路上设置回流路,与泵入口连通,使高压推进剂回流到泵前。在回流路上安装可连续变开度的流量调节阀,通过调节回流流量的大小,可以达到调节发动机推力的目的。其系统思路是:通过回流流量多消耗一部分功率,有意增加低工况时的发生器功率,避免低工况下喷注器压降偏低造成的雾化变差问题。在通过改变主路旁通路回流流量以降低发动机推力的过程中,推力室、发生器流路不调节,而是随动变化的。泵后主系统路旁路回流调节方案系统简图如图 1-28 所示。

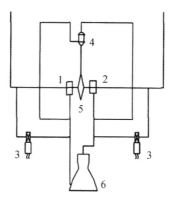

图 1-28　泵后主系统路旁路回流调节方案系统简图

1,2—泵;3—流量调节阀;4—发生器;5—涡轮;6—推力室

1.6.2　典型案例

国外典型的具备推力与混合比调节的大推力火箭发动机有美国航天飞机主发动机 SSME、RS-68、J-2X,苏联的 RD-0120,日本的 LE-7A、LE-9,苏联/俄罗斯的补燃循环液氧煤油发动机 RD-180。我国有 120 t 液氧煤油发动机等。其调节方式、推力变化范围、变推力系统方案等参数见表 1-4。

表1-4 国内外典型泵压式液体火箭发动机变推力系统比较

发动机型号	循环方式	推力变化范围/(%)	变推力系统方案	变工况实现方式
SSME	补燃循环	50～109	副系统单路调节	氧化剂路氧副阀控制推力 燃料路氧副阀控制混合比
RD-0120	补燃循环	25～106	副系统单路调节	氧副阀调节推力 氧主阀调节混合比
LE-7A	补燃循环	100,70	副系统单路调节	氧副阀调节推力 氧主阀调节混合比
RS-68	发生器循环	57～102	副系统双路调节	氢、氧副阀协同调节推力 氧主阀调节混合比
J-2X	发生器循环	100,85	涡轮燃气放气方案	涡轮前燃气旁通阀调节混合比,产生辅级工况
LE-9	开式膨胀循环	60～100	副系统节流方案	控制涡轮气氢流量调节推力 氧主阀调节混合比
Vulcain	发生器循环	可变混合比	涡轮燃气节流方案	氧化剂路涡轮前节流阀调节混合比
RD-180	补燃循环	47～100	副系统单路调节	燃料副阀控制推力 燃料主阀调节混合比
我国120 t级	补燃循环	65～100	副系统单路调节	燃料副阀控制推力 燃料主阀调节混合比

1.6.2.1 苏联/俄罗斯RD-180发动机推力调节方案(副系统单路调节方案实例)

RD-180发动机推进剂为液氧/煤油,采用双推力室单涡轮泵富氧补燃循环系统,地面推力为390 t,推力调节范围为47%～100%,混合比调节范围为±7%,发动机系统简图如图1-29所示。氧化剂经预压泵、主泵增压后进入预燃室(燃气发生器),燃料经预压泵、一级泵增压后分为两路,绝大部分经过推力室再生冷却通道进入推力室,小部分经过燃料二级泵进一步增压后进入预燃室,全部氧化剂与小部分燃料在预燃室中燃烧产生高压富氧燃气驱动涡轮,之后进入推力室与绝大部分燃料进一步燃烧。推力调节方面,发动机利用安装在预燃室燃料供应管路的流量调节器(由电机控制)改变进入预燃室的燃料流量,使预燃室混合比发生改变,改变了富氧燃气温度,进而改变涡轮功率,以达到调节进入推力室推进剂流量和调节推力的目的。通过推力室燃料供应管路的节流阀用来控制推力室混合比。

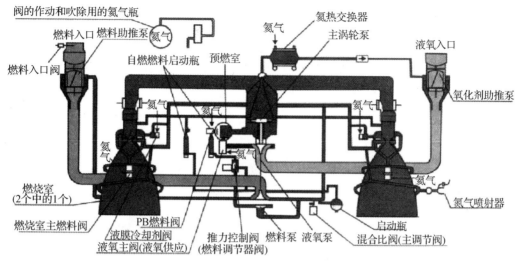

图 1-29　RD-180 发动机系统简图

1.6.2.2　美国 RS-68 发动机推力调节方案(副系统双路调节方案实例)

RS-68 氢氧发动机是由美国洛克达因公司在航天飞机主发动机的基础上设计和制造的，采用泵压式燃气发生器循环，海平面比冲为 357 s，海平面推力为 295t，真空推力为 334 t，混合比为 6.0，可以进行 57%～102% 的推力调节，RS-68 氢氧发动机及系统简图如图 1-30 所示。发动机用一台燃气发生器给两台涡轮泵提供燃气，共设置 4 个连续调节阀，分别为燃气发生器氢、氧阀，推力室燃料主阀和推力室氧化剂主阀，均为液压伺服阀。通过改变发生器氢阀开度控制进入发生器的氧流量，发生器氢阀监视发生器氧阀开度，与之随动，保持发生器混合比恒定，从而改变燃气量，调节涡轮泵功率，通过调节氧主阀开度，控制发动机混合比。发动机设有 1 个控制器可控制发动机的起动、稳定工作、节流和关机，可根据指令调节发动机推力。

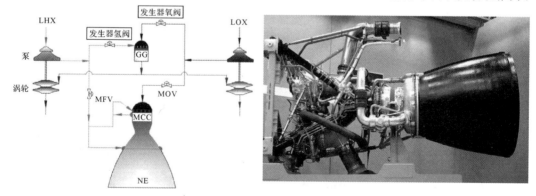

图 1-30　RS-68 氢氧发动机及系统简图

1.6.2.3　美国 J-2X 发动机推力调节方案(涡轮排气调节方案实例)

J-2X 发动机是美国近年来研制的新型上面级发动机，采用开式燃气发生器循环，串联涡轮，工作模式分为主级模式和辅级模式。在主级模式下，发动机的真空推力为 133.36 t，混合比为 5.5，在辅级模式下，通过调节混合比至 4.5，发动机以 82% 的推力水平工作，推力为 109.77 t。发动机具备再次起动能力，并可在超过 30 km 的高空起动，J-2X 发动机系统简图如图 1-31 所示。发动机共配有 43 个阀门和作动器,其主要的阀门包括燃料主阀(Main Fuel Valve,MFV)、氧化剂主阀(Main Qxidizer Valve, MOV)、燃气发生器燃料阀(Gas Generator Fuel Valve, GGFV)、燃气发生器氧化剂阀(Gas Generator Oxidizer Valve, GGOV)和氧化剂涡轮旁路阀(Oxidizer Turbine Bypass Valve, OTBV),推进剂主阀的设计采用扇形球阀结构。OTBV 为一台混合比调节阀,阀门开度可在 42%～100%连续调节,从而控制氧涡轮流量,达到调整混合比的目的,是产生辅级推力水平的主要手段。

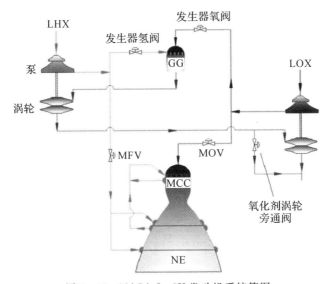

图 1-31　NASA J-2X 发动机系统简图

1.6.2.4　我国 120 t 液氧煤油补燃循环发动机推力调节方案

我国新一代液氧煤油补燃循环发动机推力为 1 200 kN,推力调节范围为 65%～100%,混合比调节范围为±10%,我国 120 t 液氧煤油补燃循环发动机系统简图如图 1-32 所示。该发动机工作原理与 RD-180 发动机相似,全部的氧化剂与小部分燃料在预燃室中燃烧产生的富氧燃气驱动涡轮,通过燃料二级泵后、预燃室前的流量调节器改变进入预燃室的燃料流量,从而改变预燃室混合比,进而改变富氧燃气的温度,改变涡轮泵功率,达到调节推进剂流量和调节推力的目的。通过推力室燃料供应管路的节流阀控制推力室混合比。

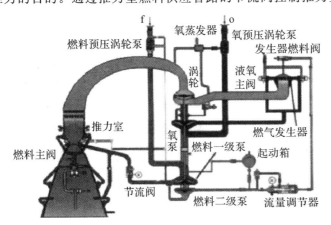

图 1-32　我国 120 t 液氧煤油补燃循环发动机及系统简图

第2章 变推力固体火箭发动机

与液体发动机不同,固体发动机的推进剂是放在燃烧室中的,一旦点火,推进剂就会全部燃烧,想要在燃烧过程中进行调节甚至熄火是比较困难的。如果能以较小的代价实现固体发动机的变推力,将会大大提升固体发动机的能量利用率和使用灵活性。因此,从固体发动机诞生开始,人们就想尽各种办法实现变推力,到目前为止已经提出了很多种方案,其中一些已经在工程中得到应用。本章介绍变推力固体发动机的概念、难点、分类和特点,着重介绍喉栓式、涡流阀式变推力发动机以及电控固体推进技术。

2.1 变推力固体火箭发动机概述

2.1.1 基本概念

变推力是指发动机可以在工作过程中实现推力的变化(调节)。推力是个矢量,包含方向和大小。一般将对推力方向的调节称为推力矢量控制,本书中的变推力仅指对推力大小的调节。除了实现推力的变化外,变推力还有一个重要的内涵,就是能在发动机工作中根据需要实时改变推力。有一些类型的固体发动机,虽然能实现推力的变化,但是这种变化是预先设定好的,无法在工作过程中进行改变,例如单室双推力发动机。虽然有些文献将此类发动机当作变推力发动机,但是目前业内的共识还是强调变推力的实时调节特征,因此本书中明确界定这类发动机不属于变推力发动机。

多脉冲固体发动机类似于多室多推,虽然各室的推力是预先设定好的,但是其点火时刻是可以根据需要调节的,因此也有文献将多脉冲发动机归到变推力发动机的范畴。目前大多数学者还是倾向于将多脉冲发动机单独归为一类,因此本书中的变推力也不包括多脉冲发动机。

变推力还有其他的一些名称,例如推力调节、推力可调和推力随控等。虽然这些名称有细微差别,但从广义范围看差别不是很大,为了方便交流,本书建议统一使用"变推力"。推力随控主要强调推力在可调范围内能实现无级调节,并且具有较快的响应能力,因此有些推力闭环控制的场合往往需要推力随控。

2.1.2 固体发动机变推力的优点

几乎对所有的动力装置,都希望其动力输出具有调节的能力,例如汽车、火车以及飞机的发动机,在起动、加速和爬坡(升)时需要大的动力,而在平稳运行、巡航或者下坡等条件下需要较小的动力。固体发动机具有响应速度快、便于储存等优点,目前绝大多数导弹武器均采用固体发动机作为动力,因此作为导弹动力的固体发动机也不例外,发射、爬升、追击或攻击时希望大推力,巡航时希望小推力。仅从导弹武器技术的发展和需求来看,固体发动机实现变推力具有很多优点。

(1)提高导弹动力系统的性能

目前提高导弹动力系统的性能主要有两种途径:一是提高动力系统本身的性能,如比冲和质量比等;二是通过能量管理来合理利用能量。发动机技术发展到今天,其比冲和质量比等性能已经接近极限,要想大幅度提高是很困难的。若能实现变推力,就可以合理分配能量,提高发动机的能量利用率,改善弹道,从而提高导弹动力系统的综合性能。

(2)提高导弹的机动性和拦截能力

现代战争攻防对抗不断升级,对导弹的加速和机动能力要求不断提高,尤其是防空或者反导导弹。通过适时调节发动机推力的大小和方向,可大幅提升导弹的拦截能力,同时可扩大导弹的拦截空域和速域。

(3)实现武器系统执行多任务

目前固体发动机推力输出固定,使得一种武器只能执行单一任务。适时调节发动机的推力大小和工作时间,可有效扩大作战任务范围,实现执行多任务的目标,从而使武器系统简约化,降低武器成本。图2-1所示为既能执行近距攻击又能执行远距攻击任务的导弹弹道曲线。

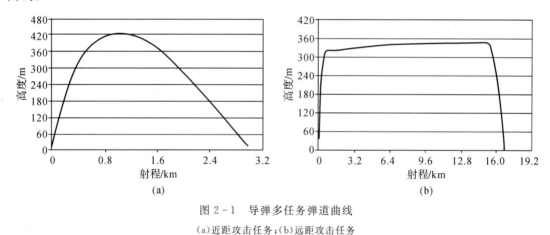

图2-1 导弹多任务弹道曲线

(a)近距攻击任务;(b)远距攻击任务

(4)提高武器系统的生存能力

通过实现导弹发动机的变推力,可以实现主动段的机动飞行。我方导弹即使被敌方发现,因其飞行弹道难以被准确预测,从而也能提高其生存能力。

2.1.3 固体发动机变推力的理论基础

液体火箭发动机、航空发动机和内燃机等容易实现对动力输出的调节,最主要的原因是它们的燃料和燃烧室是分开的,通过调节燃料供应量就可以实现动力调节,而固体发动机的推进剂全部存放在燃烧室内,一旦点燃就很难干预,那么怎样才能实现其变推力呢?

容易想到的一种思路就是从固体发动机的推力公式入手,找出影响推力大小的参量,看其中哪些参量容易调节且调节范围比较大。下式为火箭发动机推力公式的基本形式:

$$F = \dot{m}V_e + (p_e - p_a)A_e \tag{2-1}$$

式中:$\dot{m}$ 为燃气流量;V_e 为喷管出口燃气速度;p_e 为喷管出口燃气静压;p_a 为环境大气压;A_e 为喷管出口面积。其中右端第一项是推力的主要贡献者,因此,改变气体的流量和出口速度就能改变发动机推力。

一般来说,固体发动机很难直接调节燃气流量和出口速度,调节的同时还会改变其他参数,因此需要增加一些关系式,或者对上述公式进行一些变形,才能更好地分析各参数与推力之间的关系。其中,燃气流量有如下关系:

$$\dot{m} = \rho_p A_b r \tag{2-2}$$

式中:ρ_p 为装药密度;A_b 为装药燃面;r 为装药燃速。

从式(2-2)可以看出,通过调节装药燃面和燃速大小,可以调节发动机推力。

除式(2-2)外,还有推力的其他形式,例如:

$$F = C_F p_c A_t \tag{2-3}$$

式中:C_F 为推力系数;p_c 为燃烧室压强;A_t 为喷管喉部面积。可以看出,通过改变燃烧室压强和喉部面积均能改变发动机推力。

将可以调节的参数与推力写成如下的关系式:

$$F = f(A_t, r, \dot{m}, A_b, \cdots) \tag{2-4}$$

从上式出发,是否能构想出几种变推力固体发动机的方案呢? 下面将简要介绍一些变推力固体发动机的方案。

2.2　变推力固体发动机的分类

2.2.1　变喉部面积型

变喉部面积是最容易想到的变推力方案,关于这个方案,很多人会联想到水龙头,但是需要注意的是,这两种情况貌似很接近,本质上还是有较大的差别,其中最大的差别是流量与节流面积之间的关系。固体发动机的燃气是由固体推进剂燃烧提供的,对于具有正压强指数的推进剂,压强越高,流量越大。当喉部面积变小时,燃烧室的压强会增大,压强增大会使燃速变大,进而流量又会增大,流量的增大又会提高燃烧室的压强,直到达到一个平衡状态。流量和压强的增大,都会促使发动机的推力增大。水龙头一般是恒压的,因此随着节流面积的变小,其流量是变小的。

变喉部面积的原理虽然简单,但是对于固体发动机来说实现起来并不容易,主要原因还是高温、高压和高速的燃气环境。工业中用于开关和流量调节的阀门种类很多,从机械原理上来说,改变发动机喉部面积的方式也很多,但是由于喉部的特殊环境,其中最为常见的还是喉栓式。

图 2-2 所示为一种喉栓式变推力固体发动机的结构示意图。可以看出其中最核心的部件是可以在喷管喉部前后移动的喉栓,用来改变等效喉部面积,调节发动机推力。要实现喉栓前后移动,就需要一个作动器。由于发动机内的高温、高压燃气环境,要将作动器布置在燃烧室内是很困难的。图示方案是将作动器布置在发动机头部外面,将喉栓杆穿过燃烧室。这样在前封头就需要开孔,为了保证密封,同时还要使喉栓杆移动顺畅,就需要用到动密封结构。

为了保护喉栓杆,并对其进行限位,在喉栓杆外面设置了一个支撑套。由于暴露在高温燃气环境中,支撑套需要采用耐高温的材料制成。为了让喉栓从中心穿过,固体推进剂就必须采用中空的结构,因此装药设计需要与喉栓结构相匹配。在调节过程中喉栓头部和喷管喉衬要承受高温燃气的热应力、烧蚀和作用力,因此需要用耐高温、抗烧蚀、具有一定热强度的材料制成。

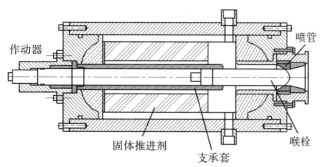

图 2-2 喉栓式变推力固体发动机

美国在喉栓变推力发动机技术方面较为领先,已经达到工程应用的阶段。代表性的研究机构包括 Aerojet 公司、CFDRC 公司等。图 2-3 所示为 Aerojet 公司在喉栓发动机方面的代表性工作,其中具有里程碑意义的是 2003 年在白沙试验场成功进行了飞行试验。图 2-4 所示为 CFDRC 公司开展的喉栓变推力发动机试验,可以看出在一次试验中实现了推力四级调节。

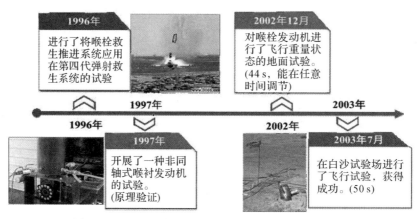

图 2-3 Aerojet 公司在喉栓发动机方面的代表性工作

喉栓变推力固体发动机的主要优点是:

1)推力调节范围大;

2)可以实现发动机的熄火和再起动。

主要缺点或难点是:

1)喉栓杆穿过燃烧室,装药设计受到一定限制;

2)烧蚀与热结构、动密封等问题比较突出。

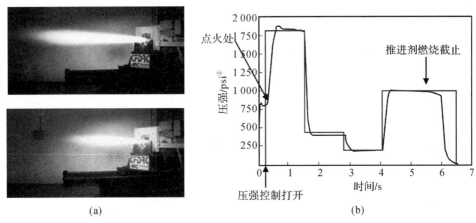

(a)　　　　　　　　　　　　　(b)

图 2-4　CFDRC 公司的喉栓发动机试验

(a)实验照片(上:大推力;下:小推力);(b)压强-时间曲线

2.2.2　涡流阀型

涡流阀是一种利用流体来控制流体的装置。涡流阀变推力发动机原理如图 2-5 所示,典型涡流阀的结构如图 2-6 所示,在喷管前面有一个中心体,其主要作用有两个:一是改变燃气的流动方向,使主燃气变成径向流向喷管;二是与平的后封头一起形成一个腔体(涡流室)。将控制流气体从涡流室外缘切向喷入,在控制流的驱动下主燃气也跟着旋转,从而一起形成涡流,边旋转边向喷管流去。由于流体旋转要遵循角动量守恒,随着涡流旋转流向中心,其旋转半径会越来越小,为了使角动量守恒,其旋转速度就会越来越大。为了避免中心点的速度变为无穷大,在中心区域会自动形成一个特殊的流体结构——"涡核"。实际上,涡流阻塞的原理是比较复杂的,为了便于理解,可以认为涡核的存在减小了喉部的等效面积,增大了燃烧室的压强,从而使推力变大。涡流越强,则涡核越大,等效喉部面积越小,燃烧室压强越高,推力越大。

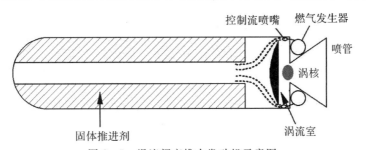

图 2-5　涡流阀变推力发动机示意图

控制流可以是冷态的,也可以是热态的。冷态控制流一般采用高压气瓶,其开关和流量控制比较容易实现,缺点是比冲损失较大。热态控制流一般由燃气发生器产生,比冲性能较高,但是需要高温燃气阀或燃气流量调节阀。

涡流阀变推力发动机的优点是:

1)喉部没有活动部件,不存在动密封问题;

2)涡流阀是流体调节流体,属于"软调节",具有自我协调能力,一般不会出现机械式的"堵

—————————————

①1 psi＝0.006 895 MPa。

死"问题。

主要缺点和难点是：

1）旋流损失比较大；

2）需要增加额外的气源或者燃气发生器。

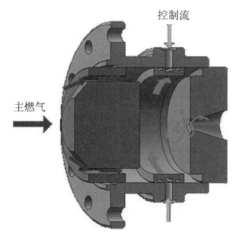

图 2-6 涡流阀结构示意图

2.2.3 燃烧可控型

固体推进剂燃烧可控型变推力，也称"可控固体推进技术"，是通过一定措施使得固体推进剂的燃烧方式可控、燃速可调，从而实现变推力。这种类型的变推力比较特殊，其关键是利用一些原理来控制推进剂的燃烧。燃烧可控变推力的类型很多，下面介绍比较典型的几种类型。

（1）电控固体推进

电控固体推进剂无法自持燃烧，需要施加电压才能保持燃烧，而且推进剂的燃速与电压大小有关。在电控固体推进剂上安装电极并在电极上施加所需电压，这样无需点火药就可以实现点火，并持续燃烧。当撤去施加在推进剂上的电压时，就可以实现熄火。如果重新施加电压，推进剂可以再次燃烧。另外，通过改变所施加电压的大小，可以改变推进剂的燃速，实现变推力。电控固体推进这种独特的工作原理，从根本上改变了传统固体发动机的工作模式，使固体发动机的多次起动和实现变推力变得更加灵活方便。图 2-7 所示为一种电控固体推进装置多次起动和熄火的试验照片。

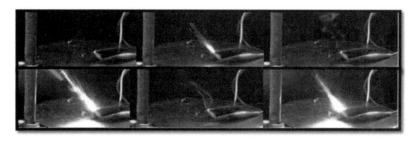

图 2-7 一种电控固体推进装置多次熄火和再起动过程

近年来，美国 DSSP 公司与海军实验室联合开展的 SpinSat 项目，旨在进行球型小卫星飞行试验,以验证电控固体推进剂微推力器的在轨性能,如图 2-8 所示,其最小有效推力为 5 mN,单次工作时间为 1 s。此外,美国 Raytheon 公司和 DSSP 公司合作,开发出应用于立方卫星轨道转移的电控固体推进剂微推力器,如图 2-9 所示。该推力器利用 3D 打印技术制备高氯酸盐基的电控固体推进剂药柱,可直接装配在集成化电源装置中,在 8 V/20 W 的测试条件下成功进行了点火试验。

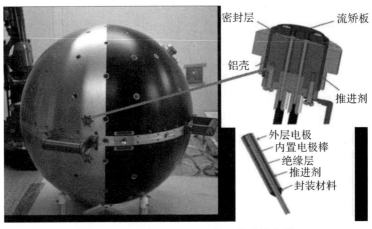

图 2-8　球型小卫星及电控固体微推力器

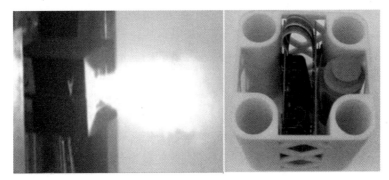

图 2-9　用于立方卫星轨道转移的电控固体微推力器

(2)激光化学联合推进

激光化学联合推进通过激光来控制固体推进剂的燃烧。首先要制备对激光敏感的固体推进剂,一般是将纳米炭粉等吸光剂添加到光敏固体推进剂中,然后将激光作为激励能量照射到推进剂上,通过激光与推进剂之间的热和光化学作用实现推进剂的可控燃烧。为了实现激光控制的点火和熄火,需要通过热平衡计算,将推进剂燃烧时来源于表面的能量降低到自持燃烧所需的能量之下,从而可以用照射激光的能量来补偿固体推进剂维持燃烧所需的能量。当停止照射激光时推进剂便会停止燃烧,当重新开始照射激光时推进剂又会开始燃烧,而且通过改变激光的能量强度还可以改变推进剂的燃速,这样就实现了变推力。

日本的 Kakami 团队于 2004 年首先提出了激光化学联合推进的概念,并开展了激光照射下光敏固体推进剂可控性的实验验证,其使用的光敏推进剂为 HTPB/AP/C 复合推进剂,研究发现,施加 5~30 W 的激光,可以对燃烧过程进行有效控制。图 2-10 为激光化学联合推进的原理示意图以及实验获得的推力和压力曲线。

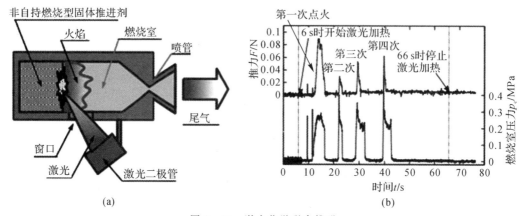

图 2 - 10 激光化学联合推进

(a) 原理示意图;(b) 推力和压力-时间曲线

(3)微波增强固体推进

上述两种类型都属于非自持燃烧型,也就是当电压和激光等外加能量撤去后固体推进剂无法自持燃烧。微波增强固体推进则属于自持燃烧型,也就是说微波只是起到增强的作用,即使不加微波,固体推进剂也能自持燃烧。微波增强固体推进一般需要在固体推进剂中掺杂铝或碱金属,以改善火焰结构,增加火焰中等离子体的含量,使微波能量能够作用于火焰上,通过改变辐射到火焰上的微波能量大小,来改变固体推进剂的燃速,实现变推力。实际上微波增强原理有很多种,主要有添加的碱金属促进等离子体加强,高温金属氧化物对微波的强吸收以及推进剂燃烧表面凝相产物直接吸收能量等。这类推进剂只能实现对燃速的控制,无法实现点火/熄火的可控操作。

除了改变推进燃烧过程,微波还可以直接作用在燃气上使其加速,例如美国 Barry 等人提出的微波增强固体推进的概念(见图 2 - 11),他们研究发现微波能量能够耦合到燃烧后形成的氧化铝液滴上,液滴与高温气体发生作用,促进周围高温气体加速膨胀,使得推力增大。

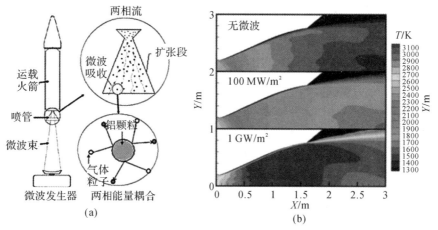

图 2 - 11 使燃气加速膨胀的微波增强固体推进方案

(a)原理示意图;(b) 不同微波强度下的喷管温度分布

（4）固体推进剂预埋热管型

预埋金属丝的固体推进剂在金属丝附近的燃速会增大,形成燃烧锥,这是因为金属的导热性好,提高了推进剂的初温。预埋热管的原理与此类似,如图 2-12 所示,将毛细管预埋在固体推进剂中,并且与燃气相连,当需要调节推力时,改变阀门的开度,控制毛细管内的燃气流量,从而改变毛细管与推进剂的换热,即可实现对推进剂燃速的调节。除此之外,还有一种方案是预埋光纤,如图 2-13 所示,在发动机药柱内埋入光导纤维,使发动机在燃烧表面形成锥形燃面,通过改变纤维中的光强来改变推进剂的燃速,从而改变燃烧锥角,达到改变燃烧室压强及发动机推力的目的。这两种方案的缺点是响应速率相对比较慢,实现起来比较复杂。

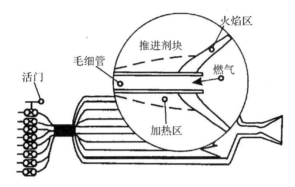

图 2-12 预埋毛细热管的变推力方案

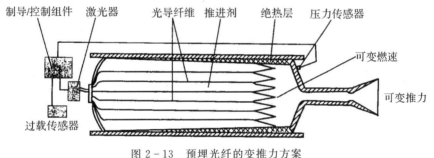

图 2-13 预埋光纤的变推力方案

2.2.4 加质型

从固体发动机变推力原理分析可以知道,如果向发动机中加入燃气,则总流量增大,在喷管喉部面积不变的情况,燃烧室压强会增加,对于正压强指数的推进剂,燃速会增大,主发动机的流量会增大,燃烧室压强又会增大,最终达到一个平衡状态。由于压强和总流量都增大,发动机推力会显著增大。加质型变推力发动机除了主发动机,还需要一个燃气发生器,通过燃气阀门与主发动机相连。

加质型发动机也有多种类型,在美国 Thiokol 公司提出的加质发动机方案中,其燃料和氧化剂分开,通过控制加入量来调节推力。如图 2-14 所示,主发动机包括两段装药,后段是助推装药,前段是双室开/关发动机,内部只有氧化剂药柱,两段发动机用易碎的隔舱隔开。主发动机前面有一个可再起动的气体发生器,里面放置燃料装药。气体发生器与主发动机头部相连,中间还安装有一个熄火活门。首先,助推发动机工作,提供大部分的冲量。当助推发动机完成工作后,其头部易碎膜片打开,双室开/关发动机开始工作,通过开关式倾斜活门产生的突然压降来实现发动机熄火,重新起动则依靠多次点火系统实现。

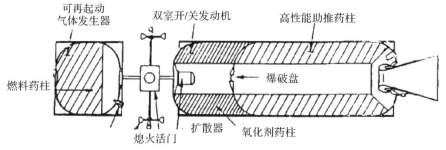

图 2-14 美国 Thiokol 提出的加质发动机方案

2.2.5 固体化学阵列推进

这种发动机是通过控制很多推进阵列单元的起动实现变推力的。用惰性阻燃层将多个固体推进剂药柱分隔开,实现阵列化的装药,每个药柱都有其独立的点火系统,从而具有多次关闭与重新起动的能力,通过阵列单元的组合可以实现对推力的调节。采用微机电系统技术制成的固体化学阵列微推力器具有结构简单、质量轻、功耗低以及响应快速等特点,目前已经得到应用。图 2-15 所示为美国 TRW 公司设计并制作的"三明治"结构的微推进阵列的结构。2010 年加拿大约克大学研制的 6×6 固体化学微推力器阵列搭载 YUsend-1 立方星进入预定轨道,首次进行了空间条件下的技术验证。

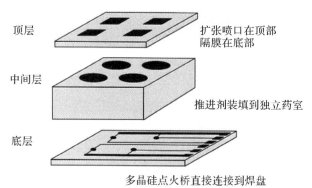

图 2-15 "三明治"结构微推进阵列结构示意图

2.3 喉栓变推力发动机

喉栓变推力固体发动机工作原理简单、调节范围大,其技术成熟度也相对较高,美国已经实现了靶场飞行试验。为了获得较高的推力调节比,变推力发动机通常要采用高压强指数的推进剂。喉栓发动机通过调节喉栓的位置来实现推力调节,因此需要确定等效喉部面积与喉栓位置之间的关系,然后需要建立稳态条件下压强和推力与喉部面积的关系。在喉栓调节过程中,还存在动态响应的问题,尤其是当调节速度比较高的时候,此外还存在喷管膨胀状态的变化问题。在变推力发动机设计过程中,往往还会借助流场数值模拟来获得更为详细的参数。

下面将从这些方面对喉栓变推力发动机的原理和基本理论进行介绍。

2.3.1　高压强指数推进剂

为了获得较高的推力调节比,变推力发动机通常要采用压强指数较高的推进剂,这需要研制专门的推进剂并获得其动态燃烧特性。由于喉栓的加入,喷管处的烧蚀,尤其是粒子侵蚀变得比较严重,因此一般需要采用不含金属或者金属含量极低的推进剂,这时需要注意可能产生的不稳定燃烧。研究表明,要想获得较高的推力调节比,一般需要压强指数大于 0.6。通常压强指数不能大于 1,否则会出现压强发散的严重后果,因此高压强指数推进剂的压强指数在 0.6～0.9 范围内比较合适。

变推力发动机的压强变化范围很宽,实际推进剂的压强指数很难在如此大的范围内保持常数,很多时候压强指数随压强的变化幅度是比较大的。图 2 - 16 为某种高压强指数的 NEPE 推进剂的压强指数随压强的变化曲线,该曲线是由密闭燃烧器法实验得到的。可以看出,随着压强的增大,燃速压强指数呈现先增大后减小的趋势,压强指数变化范围很大,处于 0.38～1.27 范围内。而且中间有一部分大于 1,这会带来压强发散的危险吗? 实际上虽然有一部分压强指数大于 1,但是随着压强的进一步增大,压强指数又很快降到 1 以下了,因此压强不会无限增大。尽管如此,在高压强指数推进剂研制中,仍要求压强指数小于 1,并希望其变化幅度不宜过大。

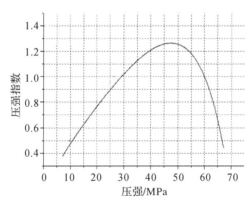

图 2 - 16　高压强指数推进剂的压强指数曲线

除了正压强指数的推进剂,还存在负压强指数的推进剂。采用负压强指数推进剂,当喉部面积变小时,燃烧室压强本来应该增大,但由于燃速变小,流量变小,最终使得压强下降,推力减小,因此也有一类变推力发动机是采用负压强指数的推进剂。本书主要讨论正压强指数的类型。

2.3.2　喉部面积变化规律

当喉栓前后移动时,喷管的喉部面积发生变化,使发动机的推力发生改变。确定喉栓位置(位移)与喉部面积之间的关系是喉栓变推力发动机设计首先需要解决的问题。通常来说,绝大部分喷管都是轴对称结构,因此喉栓一般也采用轴对称结构,由喉栓与喷管形成的等效喉部就是一个锥台的侧面(图 2 - 17 中的 AB)。在调节过程中,喉栓头部处于跨声速区,为了减少流动损失和烧蚀,喉栓头部往往被设计成光滑过渡的曲面,而喷管收敛段和喉部一般也是曲面过渡,等效喉部面积就是由这两个曲面构成的最小通道。确定等效喉部面积的问题本质上就是确定最小通道面积的问题。

下面以图 2-17 所示喉栓发动机喉部几何关系为例介绍喉部面积通用的计算方法。不管采用什么构型,喷管型面和喉栓型面曲线是已知的。如果图中 AB 是喉部面积,那么 AB 实际上是一个锥台体的侧面,而且是喷管型面与喉栓型面上任意两点组成线段所在平面的面积中最小的。因此喉部面积计算实际上包含两个问题:一是计算锥台侧面积,二是搜寻最小的面积。

在具体计算中,首先分别在喷管和喉栓曲线上选择一个范围,这个范围一定要包含可能构成最小面积的点。这个范围可以通过几何学的方法来确定,但是通常为了简便可以取一个比较大的范围,这样计算量虽然会大一些,但是实施起来比较简便。如图 2-17 所示:喷管曲线上 A_s 为起点,A_e 为终点;喉栓上 B_s 为起点,B_e 为终点。定义喉栓顶点 B_e 距离坐标原点的距离为喉栓的位移 x_p(可以任意定义)。

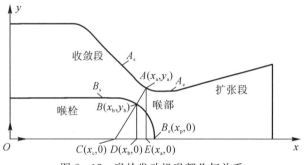

图 2-17 喉栓发动机喉部几何关系

将喷管 $A_s \sim A_e$ 和喉栓 $B_s \sim B_e$ 范围内的曲线离散成点,离散的数量越多则计算的精度越高,但计算量也越大,因此需要根据精度要求选取合适数量的离散点。

从喉栓曲线上第一点开始,与喷管曲线上的所有点分别进行组合,计算出各组合对应的锥台侧面积;然后在喉栓曲线上选择第二点与喷管曲线所有点组合,直至喉栓上所有点被选择完毕。比较所有组合的锥台侧面积的大小,其中面积最小的那个就是喉部面积。

下面介绍锥台侧面积的计算方法。以图中 AB 为例,对于给定的喉栓位移 x_p,A 点和 B 点的坐标是已知的。假设 AB 连线与中心线的交点为 C,根据三角形相似有

$$\frac{\overline{CD}}{\overline{CE}} = \frac{\overline{BD}}{\overline{AE}} \tag{2-5}$$

利用上式可以求出 C 点的横坐标

$$x_c = \frac{x_a y_b - x_b y_a}{y_b - y_a} \tag{2-6}$$

锥形侧面积的计算公式为 $S = \pi r l$,其中 r 为锥形的底面半径,l 为锥面母线长度。则 AB 的锥台侧面积为

$$A_{AB} = \pi(\overline{AE} \cdot \overline{CA} - \overline{BD} \cdot \overline{CB}) = \pi\left[y_a \sqrt{(x_a^2 - x_c^2) + y_a^2} - y_b \sqrt{(x_b^2 - y_b^2) + y_c^2} \right] \tag{2-7}$$

喉部面积为所有组合面积中的最小值:

$$A_t = \min[A_{AB}], \quad A \in A_s A_e, \quad B \in B_s B_e \tag{2-8}$$

下面如果不作特殊说明,喉部面积均指喉栓发动机的等效喉部面积,而非纯粹的喷管喉部面积。

2.3.3　稳态关系及主要影响规律

与测量装置的静态特性和动态特性类似,变推力发动机也存在稳态和动态特性两种分析方法。如果喉栓运动速度很慢,那么流场建立时间远远小于喉栓运动时间,此时压强和推力随喉部面积的变化可以按照稳态来处理,用代数方程来描述压强和推力的关系式;如果喉栓运动速度较快,流场变化跟不上喉栓运动,此时就需要考虑动态响应特性,用微分方程来描述压强和推力的关系式。

2.3.3.1　稳态压强和推力关系式

对于燃速符合 $r = a p^n$ 规律的推进剂,当喉部始终处于壅塞状态,发动机燃烧室的平衡压强公式和推力公式分别为

$$p_c = \left[\rho_p c^* a \frac{A_b}{A_t} \right]^{\frac{1}{1-n}} \tag{2-9}$$

$$F = C_F p_c A_t \tag{2-10}$$

式中:p_c 为燃烧室压强;F 为发动机推力;ρ_p 为推进剂密度;c^* 为特征速度;a 为燃速系数;n 为燃速压强指数;A_b 为装药燃面;A_t 为喉部面积;C_F 为推力系数。

喉栓发动机通过改变喉部面积 A_t 来实现推力的变化,在其他参数一定的情况下,推力是喉部面积的单值函数。下面分别定量分析压强指数和喉部面积对压强和推力的影响。

2.3.3.2　压强指数和喉部面积对压强和推力的影响规律

对于相同的喉部面积变化,不同的压强指数对燃烧室压强的影响程度如何呢?下面将计算 n 分别为 0.6、0.65、0.7、0.75、0.8、0.85、0.9 时,喉部面积变化引起的平衡压强的变化。

当喉部面积变化时,推力系数 C_F 也会发生变化,但这个变化影响相对较小,为了便于分析,假定其为常数,并规定变化后的参数符号都加上"′"。设变化后的喉部面积为 A_t',则

$$A_t' = \varepsilon A_t \tag{2-11}$$

式中:ε 为喉部面积变化比。变化后的燃烧室压强为

$$p_c' = \left(\rho_p c^* a \frac{A_b}{A_t'} \right)^{\frac{1}{1-n}} = \left(\rho_p c^* a \frac{A_b}{\varepsilon A_t} \right)^{\frac{1}{1-n}} = \left(\rho_p c^* a \frac{A_b}{A_t} \right)^{\frac{1}{1-n}} \varepsilon^{\frac{1}{n-1}} \tag{2-12}$$

将式(2-9)代入式(2-12),得

$$p_c' = p_c \varepsilon^{\frac{1}{n-1}} \tag{2-13}$$

变化后的推力为

$$F' = C_F p_c' A_t' = C_F p_c \varepsilon^{\frac{1}{n-1}} \varepsilon A_t = C_F p_c A_t \varepsilon^{\frac{n}{n-1}} = F \varepsilon^{\frac{n}{n-1}} \tag{2-14}$$

定义 r_p 为压强比,r_F 为推力比,则

$$r_p = \frac{p_c'}{p_c} = \varepsilon^{\frac{1}{n-1}} \tag{2-15}$$

$$r_F = \frac{F'}{F} = \varepsilon^{\frac{n}{n-1}} \tag{2-16}$$

可以看出,推力比是压强比的 n 次幂,那么推力比与压强比的关系取决于 n 和 ε 的大小。

一般 n 小于1,因此如果喉部面积增大($\varepsilon > 1$),则推力比大于压强比;如果喉部面积减小($\varepsilon < 1$),则推力比小于压强比。

先分析喉部面积减小时的情况,假设喉部面积减小20%,即 $\varepsilon = 0.8$,计算得到的压强比和推力比随压强指数变化的曲线如图2-18所示。

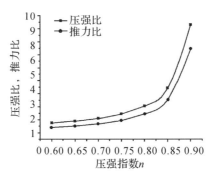

图2-18 $\varepsilon = 0.8$ 时压强比和推力比随压强指数的变化

可以看出,由于 $\varepsilon < 1$,推力比始终小于压强比。燃速压强指数越大,相同的喉部面积减小所造成的压强比和推力比越大,而且变化率随压强指数的增大而增大。当压强指数处于0.6~0.8的范围内时,压强比和推力比变化较为平稳,当 $n = 0.8 \sim 0.9$ 时,压强比和推力比增大程度非常剧烈。如果推进剂压强指数很大(0.9左右),则压强和推力对喉部面积的减少会十分敏感。

下面分析喉部面积增大时的情况。假设喉部面积增加20%,即 $\varepsilon = 1.2$,压强比和推力比随压强指数变化的曲线如图2-19所示。

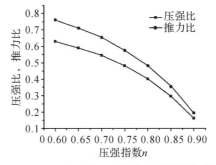

图2-19 $\varepsilon = 1.2$ 时压强比和推力比随压强指数的变化

可以看出,由于 $\varepsilon > 1$,推力比始终大于压强比。随着压强指数的增大,相同的喉部面积增加所造成的压强比和推力比一直减小,而且变化率在增大。

图2-20展示了燃速压强指数在0.6~0.9范围内,喉部面积比在0.5~0.95范围内,压强比随喉部面积比变化的曲线。从图中可以看出,当喉部面积比一定,即 ε 固定时,压强指数 n 越高,压强比越大,这与上述分析一致。当设计压强比一定时,选用压强指数高的推进剂需要的喉部面积变化越小。但是,如果压强指数太高(例如 $0.9 < n < 1$),则喉部面积的微小变化都会造成压强的很大变化,此时不仅对调节精度要求很高,而且喉栓和喷管的微小烧蚀都会造成较大的压强变化,因此推进剂压强指数并不是越高越好,而是要根据任务需要和技术水平综合选定。

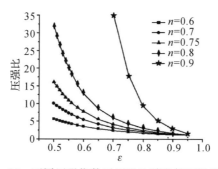

图 2-20 不同压强指数下压强比随喉部面积比变化

2.3.4 动态响应模型

2.3.4.1 燃烧室压强动态响应模型

对于喉栓变推力发动机,如果不考虑燃气参数分布的不均匀性,则可以采用零维内弹道方程表示燃烧室压强随喉部面积变化的动态响应过程。根据质量守恒原理,燃烧室内燃气变化率=燃烧室内燃气生成率−喷管流出的燃气质量流率,即

$$\frac{\mathrm{d}(\rho_c V_c)}{\mathrm{d}t} = \rho_p A_b r - \frac{p_c A_t}{c^*} \qquad (2-17)$$

式中:ρ_c 为燃烧室内燃气的平均密度;V_c 为燃烧室自由容积;t 为时间;ρ_p 为推进剂密度;p_c 为喷管入口截面燃气总压(可以认为是燃烧室压强);$c*$ 为特征速度。

式(2-17)中的燃烧室内燃气变化率可以表示成

$$\frac{\mathrm{d}(\rho_c V_c)}{\mathrm{d}t} = V_c \frac{\mathrm{d}\rho_c}{\mathrm{d}t} + \rho_c \frac{\mathrm{d}V_c}{\mathrm{d}t} \qquad (2-18)$$

式中:$V_c \mathrm{d}\rho_c/\mathrm{d}t$ 表示单位时间内燃烧室内燃气密度增加所需要的燃气质量;$\rho_c \mathrm{d}V_c/\mathrm{d}t$ 表示单位时间内充填由于装药燃烧而引起的燃烧室容积增加部分所需要的燃气质量,显然

$$\rho_c \frac{\mathrm{d}V_c}{\mathrm{d}t} = \rho_c A_b r \qquad (2-19)$$

将式(2-18)和式(2-19)代入式(2-17)中,得到

$$V_c \frac{\mathrm{d}\rho_c}{\mathrm{d}t} = \left(1 - \frac{\rho_c}{\rho_p}\right) \rho_p A_b r - \frac{p_c A_t}{c^*} \qquad (2-20)$$

代入理想气体状态方程 $p_c = \rho_c R T_c$ 和燃速公式 $r = a p_c^n$,可以得到

$$\frac{V_c}{R T_c} \frac{\mathrm{d}p_c}{\mathrm{d}t} = \left(1 - \frac{\rho_c}{\rho_p}\right) \rho_p A_b a p_c^n - \frac{p_c A_t}{c^*} \qquad (2-21)$$

式中:T_c 为燃气温度,等于推进剂的绝热燃烧温度。

将式(2-21)与喉部面积公式联立并进行求解,就可以得到不同时间的压强,一般采用龙格-库塔方法进行求解。

当喉栓移动至调节位置,喉栓停止运动,燃烧室压力达到平衡时 $\mathrm{d}p_c/\mathrm{d}t = 0$,可以得到稳态平衡压力公式

$$p_{eq} = \left[c^* \rho_p a \left(1 - \frac{\rho_c}{\rho_p}\right) \frac{A_b}{A_t}\right]^{\frac{1}{1-n}} \qquad (2-22)$$

式(2-22)与式(2-9)的区别是考虑了推进剂燃烧后自由容积的变化,一般 $\rho_c \ll \rho_p$,所

以两者的区别非常小。在喉栓调节过程中有两种类型的压力:燃烧室瞬态压力 p_c 和稳态平衡压力 p_{eq}。

2.3.4.2　推力动态响应模型

由燃烧室瞬态压力 p_c 和稳态平衡压力 p_{eq} 可知,发动机产生的推力也分为瞬态推力 F_c 和稳态推力 F_{eq},即

$$F_c = C_F p_c A_t \qquad (2-23)$$

$$F_{eq} = C_F p_{eq} A_t \qquad (2-24)$$

在喉栓移动过程中,p_c 相对于 p_{eq} 存在压力延迟,因此 F_c 相对于 F_{eq} 也存在延迟。对式 (2-24)进行数学变换之后,得到发动机推力动态响应模型

$$\frac{dF_c}{dt} = F_c \left(\frac{1}{p_c} \frac{dp_c}{dt} + \frac{1}{A_t} \frac{dA_t}{dt} \right) \qquad (2-25)$$

2.3.4.3　模型验证及适用性讨论

采用上述动态响应模型对喉栓变推力发动机实验结果进行计算,结果如图 2-21 所示。该工况是推力调大实验,即发动机先小推力工作,然后移入喉栓,变为大推力工作。由于该实验发动机的自由容积比较大,因此响应过程相对比较缓慢。可以看到在调节前的小推力阶段,压强和推力与实验结果比较接近,但是在大推力阶段,实验曲线均出现了持续爬升的现象,并且计算结果都低于实验结果。产生这种差异的主要原因是实验后期端面燃烧药柱产生了锥面效应,也就是说本来应该等面燃烧的药柱其燃面逐渐变大了。考虑到药柱的锥面效应,在计算中将后期的燃面按照增面来处理,计算得到的曲线如图 2-22 所示,可以看出,经过修正的计算结果与实验结果比较吻合。从图 2-21 中可以发现,在推力上升的时候出现了反向变化(图中椭圆圈所示),而压强曲线则没有,这是推力负调现象,将在下一小节进行详细介绍。可以看出,动态响应模型较好地预示了推力负调现象。

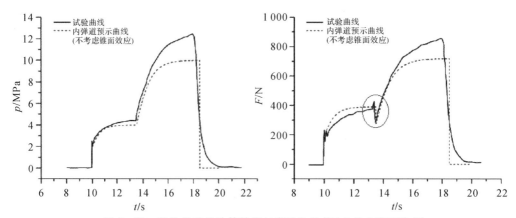

图 2-21　喉栓发动机计算结果与实验的比较(未考虑锥面效应)

虽然零维内弹道模型基本上能描述变推力的动态响应过程,但实际上影响压强和推力变化的因素很多,其中影响响应速率的因素主要有以下 3 种。

(1)扰动传播的时间

喉部面积变化对于流场来说是个扰动,这个扰动一般是以声速的形式传播到发动机内部各部位的,因此发动机越大、越长,扰动传播的时间也越长。

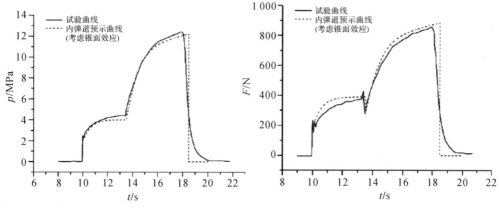

图 2-22　喉栓发动机计算结果与实验的比较(考虑锥面效应)

（2）固体推进剂燃速对压强变化的响应速率

采用燃速公式就是假定燃速对压强变化是瞬间响应的,虽然这个响应过程很快,但是确实存在一个响应时间。在工程实践中发现,有些类型的高压强指数推进剂的燃速响应速率较慢,该类型推进剂就不适合用于对响应速率要求比较高的场合。

（3）燃气充填和排出的时间

喉部面积变小,需要燃烧产生的燃气充填,才能使压强增大,反之亦然。对于大多数情况来说,燃气充填和排出的时间在喉栓发动机响应中占主导作用,而燃气充填和排出时间与发动机的自由容积直接相关,因此如果希望变推力的响应速率加快,就需要尽可能减小自由容积。

上述建立的零维响应模型主要考虑了燃气的充填和排出过程,其他过程都假定是瞬间完成的,因此在实际应用中需要注意模型的适用性。

2.3.5　推力负调现象

图 2-21 所示是喉栓移入、推力变大的实验,出现了推力负调现象,那么推力变小时是否还会出现此现象呢? 图 2-23 所示是喉栓移出、推力变小的实验,可以看出当喉部面积变大时,推力突然增大,然后才开始减小,也出现了推力负调现象,而压强则没有出现这个现象。相比于图 2-21 的推力变大过程,推力变小时负调的变化幅度似乎更大一些。

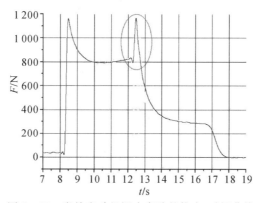

图 2-23　喉栓发动机调小实验的推力-时间曲线

为什么会产生推力负调现象呢? 主要有两方面的原因:一是压强变化随喉部面积变化存

在延迟;二是喉部面积变化与压强变化对推力的作用效果相反。下面具体来分析。

在喉栓调节过程中,燃烧室压强的动态响应过程由两部分构成:第一部分是喉栓移动过程,按照预定速度从初始位置移动至指定位置;第二部分是压强延迟响应过程,即喉栓移动到指定位置后,压强需要经过一段时间之后才能达到最终的稳态平衡压强。也就是说,即便喉栓移动停止了,此时的瞬态压强与稳态平衡压强会存在差异,而且喉栓移动速度越快,这个差异越大。

另外,从式(2-25)可以看出,推力变化是由两部分作用导致的:一是等效喉部面积的变化,二是压强的变化。以等效喉部面积变小为例,喉部面积变小使推力变小,同时使压强增大,而压强增大又会使推力增大,当压强达到稳态平衡压强时,由压强造成的增大幅度大于由喉部面积造成的减小幅度,使得调节后的稳态推力变大,但是压强响应是存在延迟的,而等效喉部面积变化不存在延迟,那么当喉栓移动速度较高时,压强还没有来得及增大,此时因喉部面积减小造成的推力减小占主导作用,这样就短暂出现了推力反向变小的负调现象。随着压强逐渐增大,负调现象会消失。喉部面积变大时的情况相反,推力会反向变大。

喉栓运动速度越大,瞬态压强与稳态平衡压强的差别就越大,推力负调量就越大。需要注意的是,相比于推力上升过程,推力下降过程出现的推力负调量更大,这是由于推力下降过程开始调节时的推力更大,造成推力变化率更大,因此引起的推力负调量也就更大。

由于推力负调是一个反向的脉冲,如果负调太大,可能对导弹的控制系统带来不利的影响,造成控制系统的误操作。影响推力负调大小的主要因素包括喉栓的运动速度和压强的响应速度。在发动机设计中,可以通过降低喉栓的运动速度和提高压强的响应速度来减少推力负调。根据前文对动态响应影响因素的分析,提高压强响应速度的措施包括:减小发动机的自由容积以减少充填或排出时间;缩短燃面距离喉部的长度以减少扰动传播的时间;提高固体推进剂燃速对压强变化的响应速率。

2.3.6 喷管膨胀状态的变化

调节前处于完全膨胀状态的喷管,在喉栓移入以及喉部面积变小后,喷管的膨胀状态会发生怎样的变化呢?下面对这个问题进行讨论。

如图2-24所示,对于扩张比固定的喷管,当喉部面积变小时,其等效扩张比增大,喷管出口压强减小,喷管趋向过膨胀,而喉部面积变小,燃烧室压强会增大,这会使喷管出口压强增大,喷管趋向欠膨胀。可见两种趋势是相反的,最终的状态与哪个占主导作用有关,这与燃速压强指数 n 有关:当 n 较大时,燃烧室压强上升占主导作用,最终会趋向欠膨胀状态;当 n 较小时,喷管扩张比增大占主导作用,最终会趋向过膨胀状态。图2-25所示为由流场计算得到的喉栓调节前后喷管膨胀状态的变化,可以看出:当喉栓移入前,喷管处于过膨胀状态,而且出现了流动分析;当喉栓移入后,喷管处于略微欠膨胀的状态,而且由于喉栓的加入,在喷管扩张段内诱导出激波。

图2-24 影响喉栓发动机喷管膨胀状态的因素

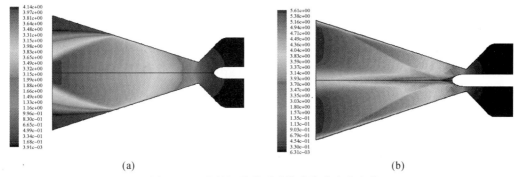

图 2-25　喉栓调节前后喷管膨胀状态的变化

（a）调节前；（b）调节后

2.4　涡流阀变推力发动机

前面已经对涡流阀变推力固体发动机的概念及优缺点有所了解,本节将介绍涡流阀发动机的性能表征参数、涡流阀调节的影响规律以及控制流供应方案,最后简要介绍涡流阀原理发动机的设计与实验。

2.4.1　性能表征参数

由于要加入控制流,涡流阀发动机类似一个加质发动机,但是由于涡流的阻塞效应很强,因此其调节比明显高于相同控制流流量的加质发动机。涡流阀发动机在结构上一般都具有如下的基本特点:

1)需要一个中心体,将燃气从轴向变为径向流动;

2)后封头(收敛段)一般是平的,与中心体一起形成一个涡流室,作为旋流的通道;

3)一般要在涡流室外缘切向喷入控制流,以获得较大的角动量。

由于涡流阀发动机是通过添加控制流来调节推力的,所以为了对其调节性能进行评价,需要定义一些性能表征参数。定义压力调节比(简称"压力比")和推力调节比(简称"推力比"),这与喉栓发动机的定义是类似的。

压力比

$$\varepsilon = \frac{p_{m_2}}{p_{m_1}} \tag{2-26}$$

式中：p_{m_1} 为调节前主发动机燃烧室压强；p_{m_2} 为调节后主发动机燃烧室压强。

推力比

$$\lambda = \frac{F_2}{F_1} \tag{2-27}$$

式中：F_1 为调节前发动机推力；F_2 为调节后发动机推力。

与喉栓发动机不同,涡流阀发动机是通过添加控制流来改变推力的,这就需要了解控制流流量的相对大小,因此,定义流量比为

$$\varphi = \frac{\dot{m}_{cf}}{\dot{m}_2 + \dot{m}_{cf}} \tag{2-28}$$

式中：$\dot{m}_2$ 为调节后主发动机流量；$\dot{m}_{cf}$ 为控制流流量。

达到一定的推力比，都需要付出一定的代价，而代价大小则决定了调节效率的高低。达到相同的推力比，如果控制流流量很大，就意味着控制流的效能很低；如果压力比很高，想要提高发动机的承压能力，需要增加更多的消极质量，因此只用推力调节比无法体现发动机的调节效率。因此定义了调节效能

$$\beta = \frac{\lambda}{\alpha\gamma} \qquad (2-29)$$

式中：α 为控制流流量与调节前主发动机流量之比，$\alpha=\dfrac{\dot{m}_{cf}}{\dot{m}_1}$，$\dot{m}_1$ 为调节前主发动机流量；γ 为控制流总压与调节前主发动机压强比，$\gamma=\dfrac{p_{cf}}{p_{m1}}$，$p_{cf}$ 为控制流总压。

调节效能高体现出以较小的控制流流量和较低的压力比获得较大的推力比。由于涡流阀中旋流损失相对比较大，喷管中存在的旋流也会造成推力损失，为了描述涡流阀带来的综合损失，定义了比冲变化率

$$\delta = \frac{I_{s_1} - I_{s_2}}{I_{s_1}} \times 100\% \qquad (2-30)$$

式中，I_{s_1} 为调节前发动机比冲；I_{s_2} 为调节后发动机比冲。

2.4.2 性能分析方法

与喉栓发动机相比，涡流阀发动机的工作过程更加复杂，建立发动机性能分析的理论方法也更加复杂。目前国内外学者针对涡流阀发动机建立了一些性能分析方法，但大多比较复杂，而且计算精度和普适性还有待验证，因此本书不作介绍。

随着计算流体力学的发展，针对涡流阀发动机开展流场数值模拟是一种比较便利的方法。由于涡流阀发动机没有运动部件，因此其流场数值模拟无需动网格，计算模型、网格生成和边界条件也不需要太特殊的处理，计算相对比较简单。图 2-26 所示为针对一种涡流阀发动机数值模拟得到的流线图，可以看出：调节前，主流经过中心体后在涡流室内径向流动，然后流出喷管；加入控制流后，控制流带动主流进行旋转，而且越靠近中心，旋转速度越高。

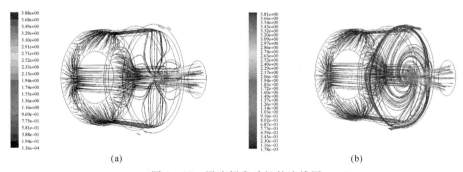

图 2-26 涡流阀发动机的流线图
(a)调节前；(b)调节后

2.4.3 调节规律

涡流阀发动机调节比和调节效能的影响因素很多，要想指导发动机的设计，需要掌握这些

影响因素的影响规律。图 2-27 给出了影响涡流阀发动机调节性能的主要影响因素,可以分为结构参数、控制流参数和喷注方式三大类。

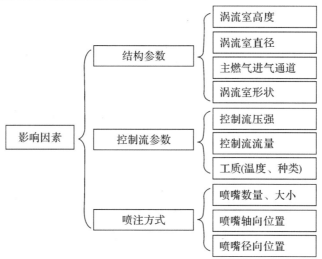

图 2-27　涡流阀发动机的影响因素

2.4.3.1　结构参数

结构参数主要指涡流阀结构参数,包括涡流室形状、涡流室高度、涡流室直径以及主燃气进气通道等。

(1)涡流室形状

理论上涡流室的形状可以有很多种,那么什么形状的涡流室的调节性能最好呢? 针对图 2-28 所示的六种形状的涡流室开展的数值模拟结果表明,图 2-28(a)所示的圆柱形涡流室的调节效能最好,因此如果没有特殊要求,一般都采用圆柱形的涡流室。

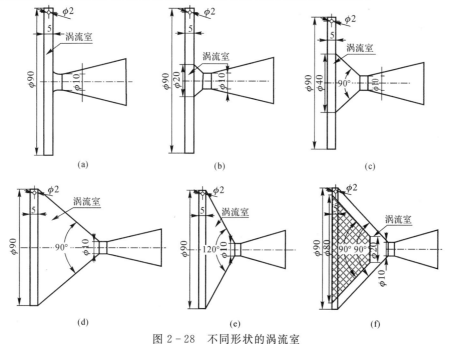

图 2-28　不同形状的涡流室
(a)圆柱形;(b)小收敛段;(c)中等收敛段;(d)45°全收敛段;(e)60°全收敛段;(f)锥壳形

（2）涡流室高度

对于圆柱形涡流室，涡流室高度如图 2-29 所示。涡流室高度是涡流阀的一个重要参数，那么涡流室高度变化对调节性能的影响如何呢？图 2-30 所示为通过流场数值模拟得到的推力比、压力比和调节效能随涡流室高度的变化曲线。其中，涡流室直径为 90 mm，控制流喷嘴为两个对称布置的 φ2 mm 的切向喷嘴。可以看出，随着涡流室高度的增大，推力比和压力比的变化趋势基本一致，都是先增大，然后整体呈现下降趋势，在大约 8 mm 处出现了一个峰值，这个值与喉部半径接近。调节效能则随着涡流室高度的增大，呈现下降的趋势，因此，在涡流阀发动机方案设计阶段，为了获得较好的调节能力，涡流室的高度可以取喷管喉部半径。

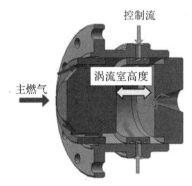

图 2-29　涡流室高度示意图

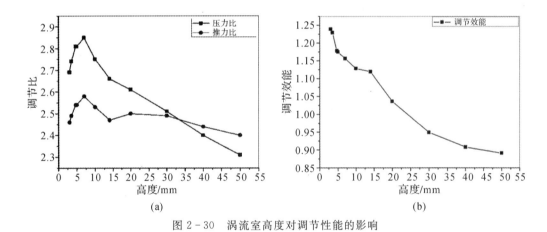

（a）　　　　　　　　　　　　　　　（b）

图 2-30　涡流室高度对调节性能的影响

（a）压强比和推力比；（b）调节效能

（3）涡流室直径

如图 2-31 所示，涡流室直径指涡流室的内径，也是一个重要的参数。由于涡流阀的阻塞能力与旋流强度有很大关系，根据角动量守恒定理，在外缘切向动量相同的情况下，涡流室直径越大，则角动量越大，阻塞能力就越强，因此涡流室直径对调节能力影响较大，在一定范围内，通过增大涡流室直径，能提高调节比。针对涡流室直径影响开展的数值模拟也证实了上述规律，不过需要注意的是，涡流室直径往往受发动机外径的限制，不可能取得太大。涡流室直径如果过大，旋流损失会比较大，同时发动机的消极质量也会增加。

（4）主燃气进气通道

涡流阀发动机通常需要一个中心体，中心体需要与发动机连接，这样主燃气进气通道就不是一个完整的环形通道，而是被连接段隔开的若干个通道（见图 2－32）。研究表明，只要主燃气进气通道面积不是非常小，其对调节性能的影响就不会很大。

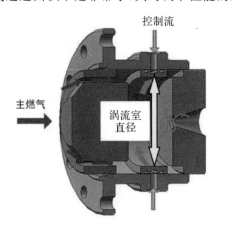

图 2－31　涡流室直径示意图　　　　图 2－32　燃气进气通道示意图

2.4.3.2　控制流参数

控制流参数主要包括控制流压强、控制流流量、控制流温度等。

（1）控制流压强

控制流压强越高，喷嘴喷出的控制流速度越高，驱动主流燃气的能力就越强，因此提高控制流压强，可以提高发动机的压强比和推力比，但是压强如果太高会降低调节效能。

（2）控制流流量

增大控制流流量，可以提高发动机的调节比。由于控制流的温度一般不会太高，如果控制流流量太大，会降低发动机的比冲，调节效能也会有所降低。

（3）控制流温度

前面已经介绍过控制流有双重作用：一是加质；二是节流，提高压强。因此，通过提高控制流温度可以显著提高发动机的调节效能，减少比冲的损失。在相同流量和压强的条件下，控制流采用高温燃气，其性能会明显优于采用冷气。

2.4.3.3　喷注方式

喷注方式主要包括喷嘴的数量、喷嘴位置和角度等参数。

（1）喷嘴数量

研究表明，单喷嘴的调节性能较差，而且流场不对称。在流量一定的情况下，如果喷嘴数量太多，则每个喷嘴出口的动量较低，驱动能力会分散，而且加工制造更为复杂，因此通常双喷嘴是比较理想的选择。

（2）喷嘴的位置和角度

喷嘴的轴向位置对调节性能影响不大，但喷嘴角度和径向位置对调节性能影响较大，喷嘴位置越靠近外围，角度越接近切向，调节能力就越强。

2.4.4 控制流供应方案

控制流供应从气源性质上可以分为冷气和燃气,从供应方式上可以分为蓄压式和燃气发生器式。所谓蓄压式就是高压冷气瓶,或者在发动机工作前由燃气发生器产生气体,存储在高压气瓶中。从布局方式上可以分为串连和环形布局,环形布局是把喷管做成长尾结构,将气源或者燃气发生器布置在长尾处。图2-33所示为一种燃气发生器环形布局的涡流阀变推力实验发动机结构方案。对各种供应方案的优缺点的比较见表2-1。

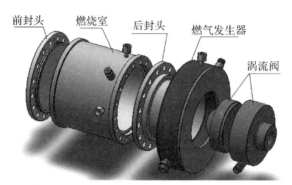

图2-33 燃气发生器环形布局的涡流阀变推力实验发动机结构方案

表2-1 控制流供应方案对比

特性	分类	优点	缺点
气源性质	冷气	控制方便、防热容易	效能低、体积大
	燃气	效能高、体积小	控制不便、防热难
供应方式	蓄压式	可随意关闭	体积大
	燃气发生器	体积小	中途无法关闭
布局方式	串连式	容易设计	管路长
	环形	紧凑、管路短	结构容易干涉

2.4.5 涡流阀原理发动机试验

图2-34所示为一种用于地面原理验证的涡流阀变推力发动机结构。主发动机推进剂为一种高压强指数的NEPE推进剂,采用自由装填的端面燃烧装药。控制流采用环形燃气发生器供应,装药采用燃气温度较低、产物较清洁的固体推进剂。采用长尾喷管结构,环形燃气发生器布置在长尾喷管外面。控制流喷嘴采用耐烧蚀的钨渗铜材料制成,中心体采用整体C/C复合材料结构,涡流室内壁面为C/C复合材料,中间采用高硅氧/酚醛材料隔热,外壁是金属壳体。

图2-35所示是该发动机地面试车测量的推力-时间曲线,可以看出:点火后主发动机先工作,输出小推力;接着燃气发生器点火,涡流阀起动,输出大推力;工作一定时间后燃气发生器熄火,又回到小推力工作,直至主发动机工作结束。试验的主要性能指标为:推力比为9、压强比为8、流量比为0.26。

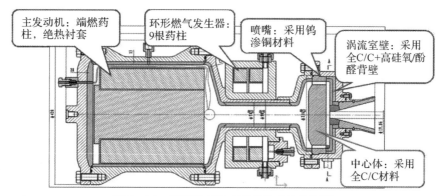

图 2-34　涡流阀变推力原理发动机结构图

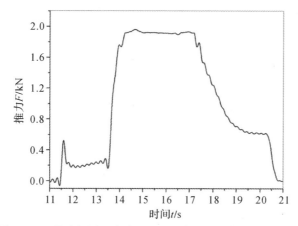

图 2-35　涡流阀原理发动机地面试车测量的推力-时间曲线

2.5　电控固体推进技术

前面已经介绍了电控固体推进剂的基本概念,本节将主要介绍电控固体推进剂的特点和优势、电控固体推进装置的特点及其在航天和国防领域中的应用。

2.5.1　电控固体推进剂

电控固体推进剂属于燃烧可控固体推进剂的一种,与传统固体推进剂不同,它具有独特的电化学特性,推进剂的燃烧状态能够通过电压控制,基本的控制方法为:在推进剂内部嵌入电极,电极两端与外部电源连接,在电极两端加载一定电压,推进剂能够实现点火;通过改变电压大小能够调节推进剂的燃速;切断电源,推进剂主动熄火,能够实现重复点火和熄火。

Katzakian 等最早研制了第一代电控可熄火固体推进剂 ASPEN,这类推进剂主要以硝酸铵(AN)为基体,通过加入其他组分来降低推进剂的熔点,并加入调节剂使得推进剂在燃烧过程中具有导电性。在电极两端加交流电压时,推进剂能够实现点火,切断电源时推进剂熄灭,增加电压可提高推进剂的燃速。ASPEN 推进剂的比冲能够达到 230 s,在环境压强条件下最大燃速为 1.2 mm/s,但当压强大于 1.4 MPa 时,推进剂熄火困难。ASPEN 推进剂的最大问题在于初始点火延迟时间过长,最长时间甚至超过 10 s。此外,电能的作用会造成推进剂的熔化,导致无法继续通过电压控制推进剂的燃烧状态。

为了提高推进剂的能量和改善推进剂的电化学特性,Sawka 等研制了新一代高性能电控固体推进剂 HIPEP,这类推进剂以硝酸羟胺为基,添加了提高能量的其他含能材料和改善推进剂电化学特性的其他组分。HIPEP 具有高比冲、快速响应的特点。加入铝粉可显著提高HIPEP 的比冲性能,不含铝 HIPEP 推进剂的比冲为 245 s,含铝 20% 推进剂的比冲达到 262.5 s,含铝 28% 推进剂的比冲达到 265 s,但是,HIPEP 推进剂的电导率很高,增加了其点火和燃烧的控制难度。此外,HIPEP 推进剂还具有良好的力学性能,其抗拉强度远高于传统的双基或复合固体推进剂。HIPEP 推进剂还具有一定的弹性,即使推进剂在受到物理破坏后仍具有独特的自我修复能力。

目前对于电控固体推进剂的燃烧机理认识得还不是很深入,一些研究者认为,电控推进剂会在通电情况下发生电解作用,促使推进剂分解生成硝酸,进而引发燃烧。

2.5.2 电控固体推进剂的优势

电控固体推进剂的出现使得固体发动机既能保留其结构简单、使用方便的优点,又能实现多次起动和推力调节功能。除了此核心优势外,电控固体推进剂还具有以下优点。

(1)生产过程简单,对设备和制造环境的要求不高

电控固体推进剂的生产流程与常规固体推进剂基本相同,但常规固体推进剂的生产过程必须严格控制环境温度、湿度等条件,且需要使用具有高剪切力的双螺杆、立式捏合机等设备,生产条件较为严苛。电控固体推进剂可在常温和常规湿度条件下进行生产,且只需简单的加工装置(如玻璃容器和磁力搅拌棒等)即可,易于制备。

(2)绿色环保,制备所需原料及燃烧产物无毒害

电控固体推进剂均采用低毒性、低危险性原材料,生产过程绿色环保。热力计算显示,典型 HIPEP 配方燃烧产物中以水蒸气、氮气和二氧化碳为主要成分,而一氧化碳、氢气等有毒或危险成分占比极小。

(3)属于惰性推进剂,安全性高

安全性是火工品的重要技术指标。试验发现,电控固体推进剂对于明火、高温等危险源的刺激不敏感,被意外引燃的概率较小,风险可控,因此非常适合舰船、载人航天等应用领域。

2.5.3 电控固体推进装置

与传统固体发动机不同,电控固体推进装置的工作状态主要是通过外加电压控制的。推进剂在燃烧过程中要实时与电极接触,一旦不接触,推进剂不能导电,将导致推进剂的燃烧状态失去控制,因此,电控固体推进装置的基本结构除了传统的燃烧室壳体、喷管、药柱、热防护以及密封结构外,还需要增加燃烧控制电极、能量管理系统、电极与药柱的动态接触结构、电极的导电连接以及绝缘等结构。

电控固体推进发动机的特点可以概括为以下两方面。

(1)多次起动特性

电控固体推进剂通电能够点火,断电能主动熄火,因此,其动力装置可通过点火电路的通断实现连续多次起动。Sawka 等分别对直径 3.2 mm 和 6.4 mm 的电控固体推进剂微型推进器进行了多次起动测试。结果表明,该微型推进器可通过电压控制,实现点火和断电主动熄

火,具备多次起动能力。

(2)推力可调特性

电控推进剂的燃速可通过电压进行调节,对于一定喉部面积的喷管,发动机的推力可通过改变控制电压的大小,实现推力的主动和实时控制。HIPEP 推进剂燃速在较宽范围内可调,在 7 MPa 压强条件下,推进剂燃速在 6.3～127 mm/s 范围内可调,使得发动机能够通过调节电压主动、实时、宽幅地控制推力。

2.5.4　电控固体推进剂的应用

电控固体推进剂具有非常独特的优势,为固体发动机实现推力可调、可控带来了很大的方便,除了一般的导弹武器外,在其他领域也具有非常广阔的应用前景。

2.5.4.1　在航天领域的应用

(1)小型飞行器动力装置

诸如微小卫星之类的小型太空飞行器需要经常实施变轨、编队飞行及姿态调整,要求推进系统具备多次点火和推力调节的功能,如采用液体发动机作为动力源,势必会引入大量的管路、阀门等装置,推进系统体积较大,在微小卫星体型受限的条件下,将会压缩有效载荷的占比,对微小卫星的设计及功能产生不利影响。电控固体推进剂发动机结构简单,在同样能够实现多次点火和推力调节功能的情况下,体积较小,这种体型上的优势是液体发动机所不具备的,为提升微小卫星设计的灵活性和功能的多样性提供了有利条件。

(2)推进剂在轨加注

现阶段,推进剂在轨加注一般指液体推进剂,但在加注过程中存在较大的安全风险,一旦发生液体推进剂的泄漏,可能会对正在实施液体推进剂加注的航天器本身甚至太空中飞行的其他航天器造成损害,因此,要想安全地实施液体推进剂在轨加注,不仅技术难度大,且配套设施多、成本高昂,而使用电控固体推进剂发动机,则可实现整体替换、即插即用,而且操作过程简单易行,就像更换电池一样方便,成本也会大幅度降低。

(3)执行月球、火星及其他深空探索任务

液体推进剂易挥发,在太空的真空环境中更是如此,因此不适合执行长期太空任务。电控固体推进剂发动机在同样能够实现多次起动和推力控制功能的情况下,不存在推进剂挥发等问题,且推进剂惰性特征明显,运输和储存过程中的安全性较高,非常适合执行从地球到火星等远程任务和载人航天任务。

2.5.4.2　在国防领域的应用

(1)导弹动力装置

当前,导弹武器装备正在向高机动、快速突防方向发展,要求导弹发动机具备多次起动和推力调节的能力。虽然液体发动机可实现多次起动和推力调节,但其结构复杂,推进剂有毒且加注时间过长,不符合快速响应作战的要求。电控固体推进剂发动机结构简单、易储存、发射准备时间短且同样能够实现连续多次起动和推力控制,一旦研制成功,将有可能取代现役导弹用的液体姿轨控和末修发动机。

（2）电热化学炮

DARPA 与 DSSP 公司开展合作，将电控固体推进剂应用于高速电热化学炮。针对该应用，DSSP 公司引入新型纳米材料组分，对电控推进剂配方进行了改良，在确保安全性的同时，可以提升武器的射程和精度。

（3）舰载应用

美海军与 DSSP 公司合作，采用含金属铝的 HIPEP 配方研制了一款不需要点火药的固体推进剂发动机，即利用固体推进剂的内置电极进行点火，并开展了静态点火试验。通过这种方式，可使海军舰艇免于携带点火药等危险源，且电控固体推进剂本身具有惰性特征，大大提升了舰艇的安全性。

（4）坦克炮弹点火器

DSSP 公司在 HIPEP 配方的基础上研制出 120 mm 坦克炮弹点火器，其具备突出的惰性特征，避免了传统点火药易受外界激发产生激烈响应而导致的潜在危害。

第3章 固液混合火箭发动机

在第2章讲到的变推力固体火箭发动机种类很多,主要通过改变喉部面积或者直接控制推进剂燃烧过程的方式,来实现推力调节。由于控制和执行元件往往与高温燃气直接接触,因此相关技术成熟度还有待进一步提高。此外,受固体推进剂本身属性的影响,安全性也是一个需要考虑的问题。鉴于液体火箭发动机成熟的推力调节技术,工程师们提出了固液混合火箭发动机的概念,采用液体氧化和固体燃料组合的方式,既借鉴了液体火箭发动机的推力调节功能,也继承了固体火箭发动机结构简单的特征,形成了一种新的变推力火箭发动机形式。

这种新的变推力火箭发动机具有以下优点:

1)安全性好。固液混合发动机的氧化剂和燃料分别储存,因此在发动机的生产、储存、运输及使用过程中都具有较好的安全性。另外,发动机常用燃料的物理化学性质都相当稳定,储存和运输都非常安全。

2)推力可调、可多次开关机。固体火箭发动机的推力调节和多次开关机困难,固液混合发动机可以通过调节氧化剂的流量、实现低成本下发动机的推力调节及多次开关机,这对于某些战术导弹是至关重要的,而且实现起来比液体火箭发动机更为容易。

3)绿色环保。推进剂的氧化剂主要为液氧(LOX)、过氧化氢、一氧化二氮等,燃料主要为端羟基聚丁二烯(HTPB)、石蜡、聚乙烯(PE)等碳氢燃料,推进剂的价格较为低廉,并且燃气无毒,满足燃气绿色环保的要求。

4)低易损。固液混合发动机的燃料药柱具有惰性,因此对裂纹和药柱缺陷不敏感。

5)低温度敏感性。燃料的燃面退移速率对环境温度的变化并不敏感,使发动机的内弹道性能基本不受环境温度的影响,从而有效提高了发动机的温度适应性。

6)成本低廉。固液混合发动机使用的燃料和氧化剂的价格都较低,系统组成也较为简单,因此发动机硬件成本较低。同时,考虑到发动机生产、运输和储存的高安全性,大幅降低了配套设施的安全消防标准,也有利于提高发动机的经济性能。

虽然固液混合发动机具有很多优点,但目前仍未在航天领域大规模地进行应用,主要因为其存在较多缺陷:

1)燃面退移速率较低。传统固液混合发动机多采用高分子聚合物(如 HTPB)作为燃料,由于燃面退移速率较低,为了保证发动机的推力水平,往往需要使用复杂药型(如多孔轮辐型)来提高燃料的燃面,但复杂药型存在诸多问题,难以在实际中得到应用。

2)装填密度低。为了提高燃料的燃烧效率,固液混合发动机中一般需要设置后燃烧室来延长燃气的滞留时间,这使燃料的装填密度降低。而且当采用复杂药型时,燃料的装填密度进一步降低。

3)燃烧效率低。燃烧室中氧化剂和燃料分别以气液混合物和固态形式存在,两者间的混合和燃烧发生在较大尺度的扩散火焰区内,该区的长度与燃料药柱的长度具有相同量级,因此这种独特的混合和燃烧模式可能会导致较低的燃烧效率。

4)余药量较大。当使用复杂药型燃料药柱时,孔道间的部分燃料可能成块地从燃烧着的药柱上分离,这些燃料可能来不及燃烧完全便从喷管中排出,从而降低了燃料的利用率。此外,发动机结束工作时,往往也有少部分未经燃烧的燃料留在发动机中,也对燃料的有效利用产生不利影响。

5)氧燃比改变。由于燃料药柱必须采用内孔燃烧形式,燃烧过程燃面一般逐渐增大,即燃料生成速率逐渐升高,导致氧燃比降低,最终影响发动机的内弹道性能及能量水平的发挥。

为了解决燃面退移速率低的问题,在实际应用中通过采用含能聚合物(如GAP)作为燃料、采用具有附带加质机制的燃料(如石蜡燃料)、在燃料中加入高能组分(金属氢化物、纳米金属粒子等)、以及改变燃料药型和发动机结构等方法。而且若燃面退移速率达到较高水平,则燃料的药型可以设计得更为简单,这样便可有效减少余药量、提高装填密度。此外,通过使用氧化剂二次喷注器和对燃料药型进行优化,可以抵消或消除氧燃比的改变。

3.1　固液混合火箭发动机的结构

固液混合发动机最主要的两大组件为氧化剂贮存与输运系统和推力室,其中贮存与输运系统的主要功能是贮存氧化剂,并在发动机工作时稳定地将氧化剂输运至推力室中,可充分借鉴液体火箭发动机的相关设计经验。推力室不但是固体燃料的贮存场所,同时也是推力的燃烧场所,其在结构上与固体火箭发动机极为相似,亦可参考固体火箭发动机的相关设计准则。

3.1.1　氧化剂供给与输运系统

根据理化特性,液体氧化剂在特定的贮箱中贮存,氧化剂供给与输运系统用于贮存液体氧化剂,并在发动机开机时稳定地输运氧化剂。氧化剂的输运方式可分为挤压式和泵压式两种,对于小型固液混合发动机来说,氧化剂流量一般较小,为了确保系统简单,常采用挤压式,而大型发动机则往往要求较大的氧化剂流量,因此一般采用泵压式。

挤压式输送系统又可分为落压式和恒压式两种。典型的落压输送系统主要包括氧化剂贮箱、隔离阀和流量控制阀三部分,恒压输送系统在此基础上增加了增压气瓶、电爆阀、减压阀等部件,图3-1和图3-2为两种供给系统示意图。

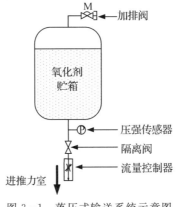

图3-1　落压式输送系统示意图

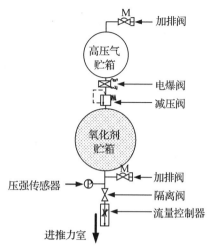

图 3-2　恒压式输送系统示意图

对于恒压式输送而言,系统工作时,电爆阀首先打开,增压气瓶内的气体进入减压阀内,经减压后的增压气体进入氧化剂贮箱并挤压氧化剂。当贮箱内的压力达到膜片阀(一种最常见的隔离阀)的破裂压力时,膜片阀打开,氧化剂经膜片阀和流量控制器后进入推力室头部的喷注器中。增压气体和减压阀的存在,使增压气体对氧化剂的挤压力维持不变,因此采用恒压式输送系统的发动机具有恒定的氧化剂流量,有助于使发动机在整个工作过程中的推力保持一致。

落压式输送系统结构靠氧化剂蒸气的自增压来挤出氧化剂,限于氧化剂的饱和蒸气压,挤压力范围极为有限,且在发动机工作过程中氧化剂不断排出,而氧化剂的蒸发速率又往往难以满足贮箱内的增压需求,使增压气体对氧化剂的挤压力逐渐减小,即氧化剂流量、燃烧压强及发动机推力都随着工作时间的增加而不断减小,发动机始终在变工况下工作。由于氧化亚氮的蒸气压较高,在实际应用中,只有以氧化亚氮为氧化剂的固液混合发动机才考虑其使用落压式输送系统。

只有化学稳定性较强的气体才能作为增压气体,实际多采用氦气和氮气。由于氦气的相对分子质量比氮气小得多,因此在相同条件下采用氦气作为增压气体时可减少增压气体的用量,即能够使气瓶轮廓尺寸和系统质量都显著降低。另外,氦气在经减压阀节流后温度升高,因此挤压能力更强,但目前国内氦气主要靠美国进口,价格极为昂贵,只在价值较高的发动机中使用,普通固液混合发动机一般使用氮气作为增压气体。

另外,火箭上面级发动机可能在失重下工作,而导弹发动机常出现负载荷的情况,在这些情况下挤压气体与液体氧化剂可能形成气液混合物,进而使管路发生气堵现象,严重影响氧化剂的稳定输运。克服气堵现象的常用方法是用胶囊或膜片将挤压气体与氧化剂隔开。

对于应用于运载火箭等领域的大型固液混合发动机,则需要采用泵压式输送系统,可在有效提高燃氧化供给能力的同时,使发动机具有更低的质量和更小的体积,其原理可参见液体火箭发动机部分。燃气涡轮是泵最为便捷的传动方式,涡轮的工质源根据所采用的氧化剂而有所不同。当采用过氧化氢为氧化剂时,可将过氧化氢催化分解气体作为泵涡轮的工质源。

此外,也可通过发动机的氧化剂旁路将氧化剂引入燃气发生器中,燃料可以是固体也可以是液体,即附加一个以主发动机氧化剂作为氧化剂的液体火箭发动机或固液混合发动机,作为燃气发生器,生成的燃气作为泵涡轮的工质源。

3.1.2 推力室

推力室主要包括喷注器、点火器(或催化床)、燃烧室、燃料药柱和喷管等部分,其中,喷注器可使氧化剂有效地雾化和蒸发,点火器为氧化剂与燃料的点火提供能量,燃烧室是氧化剂与燃料掺混与燃烧的场所,燃料药柱为燃料提供燃料且通过药型实现预定的内弹道性能,喷管是固液混合发动机的能量转换部件。图3-3为推力室结构示意图。

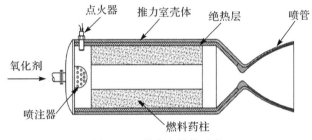

图3-3 推力室结构示意

(1)氧化剂喷注器

固体燃料的燃烧性能与供应至燃面上的氧化剂状态直接相关,当氧化剂为气态时,燃面附近的燃烧为典型的扩散燃烧,但若氧化剂以液滴形式落于燃面上,会导致燃烧过程极为复杂且对燃烧效率有显著的负面影响,因此需要在发动机头部设置喷注器以实现氧化剂的雾化与蒸发,从而使氧化剂更多地以气态的形式进入燃烧室中。喷注器由若干个尺寸较小的喷嘴以阵列形式组成,喷注器性能主要受喷嘴类型的影响。

常用的氧化剂喷嘴分为直流式、离心式和直流-离心组合式三类,如图3-4所示。直流式喷嘴由于喷射距离较大,能够将局部雾化的液体输送至燃料孔道内。采用这种喷嘴时,氧化剂在发动机中的流线最短,导致燃料和氧化剂的掺混效果最差,因此不但燃烧效率较低,燃面退移速率也往往较低,但喷注器结构简单,在采用过氧化氢等氧化性较强的氧化剂时也常采用直流式喷嘴。

离心式喷嘴的喷射距离较近,但能够形成尺寸更小的雾化液滴,由于设置喷注器的目的是使氧化剂和燃料更好地进行掺混,因此喷射距离并非主要考虑的因素。直流-离心组合式喷嘴可大致认为是两种喷注方式的组合,即外部离心式喷嘴,内部直流式喷嘴,由于两种喷嘴具有不同的喷射距离,可以用于调节沿燃烧室方向的燃烧过程长度。这种组合式喷嘴的流量分配一般由实验确定,直流喷注器的流束应位于离心式喷注器流束的涡流区内,直流分量通常为30%左右。

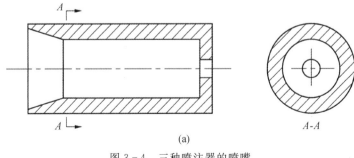

(a)

图3-4 三种喷注器的喷嘴

(a)直流式喷嘴

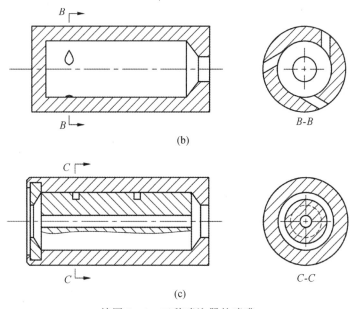

续图 3-4　三种喷注器的喷嘴

(b)切向孔式离心喷嘴;(c)直流-离心式喷嘴

对于小型固液混合发动机来说,燃料药柱的长度较小,对喷射距离并不敏感,为了保证燃烧效率,通常采用离心式喷嘴,而大型发动机通常具有较长的燃料药柱,具有较高的燃烧效率,若喷射距离不足则对药柱后部的燃烧有效组织极为不利,因此通常采用直流-离心组合式喷嘴。此外,通过氧化剂的切向喷注也可有效提高燃料和氧化剂间的掺混与燃烧,在固液混合发动机中也有较多应用。

(2)点火器

固液混合发动机的氧化剂和燃料是分开放置的,比宏观上为预混状态的固体推进剂更加难以点火,同时由于燃料为固体状态,若要实现全面点火则需要获得足够多的能量,使全部燃面上的燃料都发生气化反应,因此也比液体火箭发动机更加难以点火。另外,当发动机重新起动时,还要考虑熄火后的燃面上可能存在不同厚度较难点火的燃烧不完全的固体产物层。

采用过氧化氢作为氧化剂时,可以在推力室头部设置催化床,催化剂可采用表面沉积有 $KMnO_4$、$NaCO_3$、$NaNO_3$ 等活性组分的细粒度多孔氧化铁。在燃烧室入口处,氧化剂分解为温度为 700 ℃ 左右的水蒸气和氧气的混合物,一般固体燃料在这种情况下都可以被点燃,因此可省去点火器。

即使是氧化性较强的硝酸也无法在较短点火延迟时间内同碳氢燃料发生自燃,因此当采用除高浓度过氧化氢之外的氧化剂时一般需要设置点火器,对于需要多次起动的发动机来说还需要点火器多次工作。当起动次数较少时,可选择在发动机头部设置火工品点火器,由于点火器只能一次使用,因此需要根据起动次数来安装多个点火器,这种点火方式具有点火能力强和使用方便的优点,但受制于发动机尺寸及操作便捷性,重新起动次数受限。

更为普遍的做法是采用火炬式电点火器,通过氧化剂和燃料燃烧产生的高温燃气对发动机进行点火,氧化剂可通过旁路从发动机氧化剂贮箱中引出,燃料一般为甲烷、丙烷等气体,或煤油、酒精等液体。这种点火器可实现多达数十次的发动机重启,并可根据实际需求调整点火能量。此外,对于大型固液混合发动机来说,可以采用专门的点火发动机来进行点火。

(3)燃烧室

燃烧室是氧化剂与燃料掺混燃烧的主要场所,按功能可划分为前燃烧室、主燃烧室和后燃烧室三部分,对于实际飞行用的固液混合发动机而言,一般通过装药过程实现对整个燃烧室中三个功能区域的划分,而非由三个不同的燃烧室拼装而成。燃烧室一般由壳体和绝热层组成,其中壳体材料与固体火箭发动机相同,一般为高强度钢或碳纤维缠绕等复合材料。

三个燃烧区域的温度不同,因此绝热层的使用方案也不同。前燃烧室靠近发动机头部,主要发生氧化剂的雾化和蒸发,因此该区域的温度一般较低。对于以过氧化氢为氧化剂的发动机,经催化后的热分解产物温度可达 700 ℃,当发动机工作时间较长时,受主燃烧室中传热作用影响,局部温度可达 1 000 ℃,因此一般可采用酚醛树脂作为绝热层,对于其他氧化剂也可采用橡胶类材料作为绝热层。

主燃烧室发生氧化剂与燃料的扩散燃烧,随着燃气的流动,燃气的温度越来越高(最高可达 3 000 ℃以上),但由于燃气与燃烧室壳体间还存在未燃药柱,而药柱一般是热的不良导体,因此虽然燃气温度较高,但壳体的热负荷较小,可参考固体火箭发动机,采用橡胶材料(如三元乙丙橡胶)作为绝热层。

后燃烧室中发生的是燃气中未反应燃料与氧化剂间的氧化还原反应,因此该区域的温度比主燃烧室中还要高(可达 3500 ℃以上),由于燃气与壳体间除绝热层外不存在其他部件,因此对绝热层的防烧蚀能力要求非常高,目前一般采用多晶石墨。

(4)喷管

喷管是发动机的能量转换部件,对于固液混合发动机来说,一般既可采用被动热防护式喷管,也可选择再生冷却式喷管,可分别参考固体火箭发动机和液体火箭发动机中的喷管部分,在此不赘述。

3.1.3　固体燃料药柱

目前固液混合发动机燃料分为高分子聚合物燃料和石蜡燃料两类,高分子聚合物燃料主要由高分子黏合剂组成,因此与复合固体推进剂相同,一般采用真空浇注法来制备具有一定形状与尺寸的燃料药柱,制备过程包括混合、浇注、固化、脱模等环节。

最终制备出的固体燃料是各组分的机械混合物,就质量来讲,燃料药浆在加入固化剂之前必须经充分有效混合,在混合过程中,也应重点预防质量分层和固相粒子的下沉。在混合过程中,温度的变化会引起药浆黏度发生明显变化,需要进行精确控制。考虑到混合效率及效果,目前常采用立式混合机来进行物料的混合。

浇注是燃料制备中的重要流程,若在浇注过程中对参数控制不严则很容易出现燃料内部存在气孔的现象,因此常采用真空浇注来去除燃料药浆中的残余气体。在经历了混合和浇注以后,还须加温固化成型,才能得到具有一定物理化学性能和力学性能的固体燃料药柱。燃料的固化实质上是指在一定温度下药浆中的黏合剂与固化剂完成化学交联的过程。在固化完成后,经脱模和修整工艺便可制成符合设计尺寸的固体燃料药柱。

石蜡燃料的主要组分为固体石蜡,考虑到药型塑造需要,在燃料药柱制备过程中通常将石蜡进行熔融,石蜡的固化即熔融石蜡的凝固过程,由于石蜡的凝固会引起严重的收缩,因此目前一般采用离心浇注法获得具有精确尺寸的石蜡燃料药柱。图 3-5 为一种离心式石蜡燃料药型成型装置示意图。

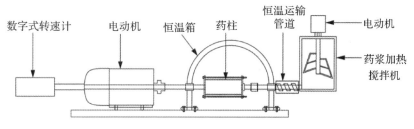

图 3-5　离心式石蜡燃料药型成型装置示意图

为了保证发动机工作时的安全和可靠,需要燃料药柱完整,无气泡等缺陷存在。由于燃料药柱已制成预定形状,无法进行取样后的缺陷检测,故只能进行无损缺陷检测。目前常用的无损检测方法有超声波检测、X 射线检测、激光全息检测和 CT 扫描检测等,其中 CT 扫描检测最为常用。

固液混合发动机的工作原理决定了固体燃料药柱必然采用内孔燃烧方式,常见的药型为圆孔药柱和星孔药柱,对于低燃面退移速率的高分子聚合物燃料来说,为了提高发动机推力,常采用复杂药型(如车轮形药柱)来增大燃面。另外,为了提高燃面退移速率和燃烧效率,也发展了一些使燃气产生旋流的特殊形状药柱,如图 3-6 所示的螺纹形药柱。

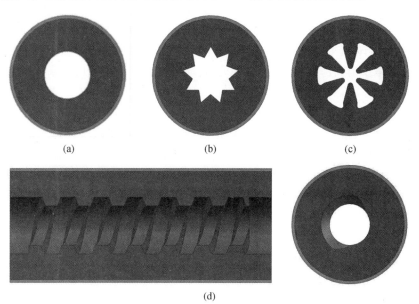

图 3-6　几种燃料药型

(a)圆孔药柱;(b)星孔药柱;(c)车轮形药柱;(d)螺纹形药柱

3.1.4　节流部件

为了对氧化剂的流动状态进行控制,通常需要在发动机系统中设置节流部件,常见的节流部件为限流孔板、气蚀文氏管和可调气蚀文氏管。

(1)限流孔板

限流孔板是一种中心开孔的圆片,其气蚀系数(或气蚀裕度)可在很宽范围内变化,却具有流量系数保持不变的特性,因此对液体氧化剂具有节流作用,能够保证系统在一定的压力及流量下工作,同时也可增加系统阻抗,有利于提高固液混合发动机的工作稳定性。限流孔板结构简单,价格低廉,节流效果好,在氧化剂供给系统中已得到了广泛应用。

(2)气蚀文氏管

在液体流动过程中由于所受压力低于液体的饱和蒸汽压而使液体大量气化的现象称为气蚀,气蚀现象的发生使单一液体的流动变为气液两相流动。气蚀文氏管是先收敛后扩散的圆管,一般液体流经文氏管时在喉部不发生气蚀,若在喉部以后区域发生稳定气蚀时,则称这种文氏管为气蚀文氏管。

液体氧化剂流经文氏管收敛段时,流速逐渐增大而压力逐渐降低从而发生气蚀现象,并在喉部后形成了较小的一段恒压区。当入口温度和压力一定时,再降低下游压力也不会引起通过文氏管流量的改变,这就保证了发动机具有确定的氧化剂流量,并且在一定范围内隔绝了下游压力波动,因此气蚀文氏管在液体发动机中有着广泛应用。

对于固液混合发动机来说,可采用汽蚀文氏管来对氧化剂的供给流量进行精确控制,同时也可使用可调气蚀文氏管通过氧化剂流量调节来实现发动机的变推力。此外,气蚀文氏管能够有效隔离氧化剂供给系统与燃烧室间的压强振荡,可作为系统管路中的稳定部件。

(3)可调气蚀文氏管

可调气蚀文氏管由一个文氏管及在文氏管喉部中心同心安装的一个锥面或特定型面的可调节针锥组成。采用可编程控制器控制步进电机动作,通过驱动螺杆将转动变换成平动,推动调节针锥轴向移动,改变文氏管喉部面积,从而实现对氧化剂质量流率的实时控制,最终实现对发动机推力的有效调节。

3.1.5 阀门

固液混合发动机的正常工作需要配合使用多种阀门,以实现增压气体与氧化剂贮箱的隔离、增压气体的压力调节、氧化剂与推力室的隔离、氧化剂的通断等。

(1)减压阀

减压阀的作用是将气瓶中的高压气体节流至系统需要的压力,根据开启方向,减压阀可分为正向减压阀和逆向减压阀两种。正向减压阀是顺着高压气体流动的方向打开,逆向减压阀是逆着高压气体流动的方向打开。固液混合发动机系统中一般使用逆向减压阀,当减压阀出口压力发生变化时,作用于阀门上的力随之发生相应变化,阀门能自动调节通流面积的大小来保持减压阀出口压力的恒定。

(2)电磁阀

电磁阀是通过电能对阀门通断进行控制的一种可控阀,由电磁铁及阀门组件两部分组成,电磁铁可将输入的电能转换为机械位移,进而对阀门组件进行控制。电磁阀具有远程多次起动并具有高频脉冲工作能力,因此在固液混合发动机中得到了广泛应用,主要安装于喷注器前部以及增压气瓶与氧化剂贮箱间,用来控制氧化剂和增压气体的通断。

(4)隔离阀

隔离阀用于将氧化剂有效地隔离在推力室外,最常用的隔离阀为膜片阀。膜片阀为单次使用阀门,能够随一定的压力作用。膜片阀的破裂压力是根据发动机工作条件设计的,在发动机存放期间,贮箱内的压力低于膜片阀的破裂压力,膜片阀可以通过某种机械作用打开,但通常都是利用贮箱内的压力打开的。当发动机需要开机时,增压气体进行增压,当贮箱内的压力达到膜片阀的破裂压力时膜片阀打开,推进剂便会通过膜片阀进入电磁阀前,使发动机处于待起动状态。

(5)电爆阀

电爆阀是利用电爆管产生的高压燃气来作动的一种阀门,具有密封性好、尺寸小、质量轻、响应迅速、操作简单等优点,适于一次工作发动机使用。电爆阀虽然无法多次工作,但其可靠性高于电磁阀,因此也常用于实现氧化剂的通流或断流。

3.2 固液混合火箭发动机的推进剂

3.2.1 固液混合发动机对氧化剂的基本要求

(1)物理化学性质

物理化学性质满足使用要求是液体氧化剂选择和评价的基础,这些物理化学性质包括冰点、沸点、密度、蒸气压等,以保证其贮存、运输、喷注、燃烧等使用性能。一般来说,液体氧化剂应具有的物理化学性质为:

1)冰点较低,一般要求低于−50℃,使发动机能够在较低的温度环境下工作,包括寒冷的天气条件和低温空间条件。

2)沸点较高,一般要求高于50℃,使发动机能够在较高的温度环境下工作,包括炎热的天气条件和高温空间条件。

3)饱和蒸气压较大,固液混合发动机多采用气压或自增压来进行氧化剂的输送,较高的饱和蒸气压可降低(甚至避免)增压气体的使用。

4)易与燃料发生燃烧反应,具有较短的点火延迟时间,最好能够与燃料发生自燃或自身能够通过催化自燃,这样便可省去点火器,且有利于多次开关机的实现。

我国幅员辽阔,火箭发动机要确保在最冷的冬季和最热的夏季都能保持可靠工作,目前硝酸是唯一能够在−40~50℃范围内均保持为液态的氧化剂,且具有较高的密度。氧化亚氮的临界温度为36.4℃,临界压强为7.245 MPa,在常温下可以包含气液两相的超临界形式存在,且具有较高的饱和蒸气压,因此也是一种高、低温适应能力都较强的液体氧化剂。

(2)能量

能量是衡量推进剂性能的最重要指标,在火箭发动机中,常用比冲来表征推进剂的能量。氧化剂是推进剂的重要组成部分,离开推进剂体系单独考虑氧化剂的能量并无任何意义,而且在表征方法上也存在困难,因此常将氧化剂与某一燃料进行搭配组成推进剂体系,通过不同推进剂体系的能量特性来考查氧化剂的能量性能。

在常用液体氧化剂中,液氧由于含氧量高,用作氧化剂时比冲最高。过氧化氢具有较高的含氧量和生成焓,也可使推进剂具有较高的比冲。为了进一步提高推进剂的能量,人们也考虑过采用一些卤族高能氧化剂,如液氟、二氟化氧、五氟化氯等,但这些氧化剂的毒性大,腐蚀性强,有的还存在化学性质过于活泼的问题,因此难以在实际中得到应用。

(3)安全性能

氧化剂的安全性能对保障生产、运输、贮存,工作时人员、设备、场地等的安全至关重要,因此也是某种氧化剂实际应用的一项重要前提条件。通常要求氧化剂的闪点、燃点和点燃能量高,热稳定性好,对冲击、振动、摩擦、压缩等外界作用不敏感。常见氧化剂安全性皆能满足发动机使用要求,但过氧化氢的安全性相对较差,高浓度($>95\%$)过氧化氢尤为严重。

(4)贮存性能

有时要求固液混合发动机能够进行长期贮存,固体燃料一般不存在长期贮存问题,因此液体氧化剂的贮存性能是发动机长期贮存的关键。具体要求是:在长期贮存、运输及转注过程中,氧化剂不变质、不分解、吸湿性小;与材料的相容性好,即对材料的腐蚀性小,且材料对氧化剂的质量无影响。对于常见液体氧化剂来说,液氧的沸点很低,为$-183℃$,在常温下无法贮存;硝酸、四氧化二氮、过氧化氢溶液都具有较强的腐蚀性,需要对贮箱和管路等进行特殊处理;硝酸羟胺、高氯酸羟胺和二硝酰胺铵的水溶液都呈弱酸性,贮存性能相对较好;氧化亚氮化学性能稳定,无腐蚀性,在所有氧化剂中贮存性能最好,但由于具有较高的饱和蒸气压,需要在高压下贮存,要求贮箱和管路都具有较好的密封性能。

(5)人体健康与环境危害性

很多液体氧化剂都具有毒性,需要采取特殊措施来保护操作人员。毒性低的衡量指标主要是半数致死剂量(LD_{50})和半数致死浓度(LC_{50})比较大,最高容许浓度(Maximum Allowable Concentration,MAC)也要比较大,这样氧化剂及其燃烧产物对操作人员的毒害便较小,对环境污染也就较小。

在常见液体氧化剂中,四氧化二氮为剧毒工业品,在操作过程中应注意防止发生中毒情况,而过氧化氢和液氧是无毒的。氧化亚氮是一种麻醉剂,吸入90%以上的氧化亚氮气体后,可引起深度麻醉,高浓度吸入有窒息危险。长期或反复接触氧化亚氮可能对骨髓、神经末梢、生殖或发育等造成危害。2005年美国政府工业卫生学家会议规定:正常8小时工作日和40小时工作周的时间加权平均接触限值(体积分数)为50×10^{-6},最高容许含量(体积分数)为100×10^{-6},即180 mg/m³。硝酸羟胺、高氯酸羟胺和二硝酰胺铵虽然自身有毒,但配成溶液后饱和蒸气压非常低,无法通过呼吸作用吸入人体,在氧化剂的贮存、转运、加注等流程中,对人身健康造成的损害可忽略。

(6)成本

选择能够工业化生产、价格低廉的液体氧化剂,既可保证大量供应又能降低使用成本,因此也是氧化剂筛选时的一项重要指标。另外,固液混合发动机的应用以民用为主,也决定了成本在发动机研制和使用中的重要性。在本章所述的所有氧化剂中,液氧由于多采用空气分离法制得,无原材料成本,故价格最为低廉,是应用于小型运载火箭的固液混合发动机最为理想的氧化剂;氧化亚氮和四氧化二氮的价格适中(低于100元/kg),对发动机成本的影响不大;高浓度过氧化氢由于腐蚀性强、危险性高、应用范围窄,价格也相对较便宜(90%过氧化氢的价格约为100元/kg)。

硝酸羟胺和高氯酸羟胺分别只在航天姿轨控发动机和新型鱼雷上使用,需求量小且合成路线相对复杂,价格较为昂贵(约2 000元/kg),从成本上来看,难以应用到固液混合发动机中;二硝酰胺铵是一种新型固体推进剂氧化剂,其合成路线非常复杂,导致成本极为昂贵(约6 000元/kg),若考虑成本,同样无法应用于固液混合发动机。

3.2.2　常用液体氧化剂

(1)氧化亚氮(N_2O)

氧化亚氮又称笑气,有轻微的麻醉作用,常温常压下是呈无色有甜味的气体,常温下加压可液化成可贮存的无色液体,液体氧化亚氮在 20℃时的蒸气压约为 50 个大气压。氧化亚氮具有密度大、可贮存、低毒、无腐蚀性、成本低廉、燃气绿色环保等优点,是目前固液混合发动机中应用最为广泛的一种氧化剂。更重要的是,液体氧化亚氮具有较高的饱和蒸气压,可实现氧化剂供给过程的自增压,从而摆脱了高压气瓶的使用,能够有效降低发动机系统的质量、体积及复杂性。

氧化亚氮在常温下比较稳定,不与水、酸和碱反应,不与臭氧、卤素、氢气、PH_3、H_2S、碱金属或王水反应。氧化亚氮在高温下能够发生分解反应,生成氧气和氮气,热分解的起始温度约为 650℃,在存在催化剂(银、铂、铜、镍的氧化物)时,热分解温度可下降至 350℃。

氧化亚氮本身不燃烧,但是当遇到如乙醇、乙醚等易燃气体时,能作为氧化剂起到助燃的作用,因此在生产、贮存、运输、转注等过程中仍要严格进行防火管理。在撞击、摩擦、火灾或其他火源的作用下,氧化亚氮存在爆炸的危险。另外,在受压情况下,氧化亚氮也存在爆炸危险。因此在实际操作过程中,应采取严格措施来保障操作与使用环境,防止爆炸情况的发生。

氧化亚氮在室温下的化学性质并不活泼,与钢、不锈钢、铝、铝合金、铜和铜合金等金属具有较好的相容性,但是在加热的条件下能够将这些金属氧化。同时,氧化亚氮对常用的密封材料如聚氯乙烯、聚四氟乙烯等也具有良好的耐腐蚀性。因此,贮存氧化亚氮所用贮箱可选择的材料非常多,通常可将氧化亚氮置于耐压钢瓶内贮存。在贮存过程中应与易燃物、可燃物、还原剂等分开存放,避免阳光直射,库房应保持通风,远离火种、热源。

氧化亚氮曾作为吸入麻醉剂在医药上长期使用,一般认为氧化亚氮对细胞没有毒性作用,人体吸入 80%的氧化亚氮气体和氧气的混合物或 90%以上的 N_2O 气体时,可引起深度麻醉,当吸入的氧化亚氮和空气混合物中氧的浓度很低时可导致窒息,长期吸入高浓度的一氧化氮气体也会导致窒息。另外,长期过量反复接触会发生贫血及中枢神经系统损害等疾病,长期吸食可能会引起高血压、晕厥,甚至心脏病发作。

（2）四氧化二氮（N_2O_4）

四氧化二氮常温下为红棕色液体,它的氧化性强、密度大、安全性及贮存性好,作为氧化剂能使发动机获得较高的比冲,是一种常见的液体氧化剂。在液体火箭发动机中,四氧化二氮常与肼类组合形成可自燃的双组元推进剂,在固液混合发动机的早期发展过程中,四氧化二氮也常被作为重点考虑的氧化剂使用,但实际应用中存在的环保、安全、人身健康等问题限制了其进一步的发展与普及。

四氧化二氮的氧化性较强,可以和胺类、肼类、糠醇等接触而自燃,利用这一特点,通常将四氧化二氮与肼类组合作为双组元液体推进剂,由于推进剂可自燃,对需要多次起动的发动机具有重要意义。四氧化二氮和碳、硫、磷等物质接触容易着火,和很多有机物的蒸气混合易发生爆炸。另外,四氧化二氮仅可助燃,本身不自燃。在贮存四氧化二氮时应将其与燃料组分完全隔离,并禁止明火。库房应保证良好的通风条件,温度和湿度都不宜过高。

四氧化二氮在常温下很稳定,能够密封贮存在耐压金属容器中,同时四氧化二氮对冲击、振动、摩擦等不敏感,在这些作用下不会发生爆炸。当温度较高时,四氧化二氮会发生分解,产生大量气体,在密闭条件下容易因容器压力升高而发生爆炸。另外,四氧化二氮与一些有机卤化物溶剂混合后,当受热或受冲击时会发生猛烈爆炸,这些卤化物包括:二氯甲烷、三氯甲烷、四氯化碳、二氯乙烯等。在实际操作中应避免与这些溶剂相接触。

四氧化二氮易吸收空气中的水分而生成硝酸,无水或含水量很少的四氧化二氮对金属的腐蚀性较小,但随着含水量的增大,腐蚀性增强,这一现象对铝合金和碳钢尤为明显。液体氧化剂一般需在金属贮箱中贮存和运输,贮箱、管路、阀门及与其直接接触的部件必须与四氧化二氮一级相容,实践证明,四氧化二氮在 1Cr18Ni9Ti 不锈钢及 LF3 铝合金容器中可以长期贮存。

《剧毒化学品目录》中规定四氧化二氮属于剧毒化学品,实际上四氧化二氮的毒性归因为二氧化氮的毒性。由于二氧化氮气体呈红棕色且有刺激性气味,故易于察觉,工作区空气中二氧化氮的最高允许浓度为 3.76 mg/m^3。

若四氧化二氮溅入眼睛内,应该立即用大量生理盐水或水冲洗,然后就医;若四氧化二氮溅到皮肤上,应立即用大量的水冲洗,然后用碳酸氢钠粉末涂于接触部位,最后再用水冲洗,严重者需就医;吸入大量二氧化氮者,需要立即转移至空气新鲜处,并迅速就医,呼吸困难者还需迅速给氧。

(3)过氧化氢(H_2O_2)

过氧化氢又称双氧水,是一种呈弱酸性的无色无嗅透明液体,由于具有密度高、毒性低、饱和蒸气压低等优点,可作为单组元推进剂或双组元推进剂的氧化剂用于液体火箭发动机中。固液混合发动机也常采用过氧化氢作为氧化剂,如国内的"北航"系列探空火箭。近年来,对绿色环保的日益重视极大地推动了过氧化氢在航天动力系统中的应用。

过氧化氢与水及大部分水溶性液体有机物都互溶,用水稀释后的过氧化氢分解活性显著降低。过氧化氢在常温下不能燃烧,但分解出的氧能强烈助燃。由于具有较强的氧化性,过氧化氢可以点燃如木材、棉花、布、纸等多种有机物质。在一定条件下质量分数在 65% 以上的过氧化氢能与很多有机化合物发生反应,并形成爆炸性混合物,与一些燃料混合时能自燃。

作为推进剂的氧化剂,过氧化氢一般无法与燃料直接组成自燃型推进剂,但许多无机化合物可作为过氧化氢分解的催化剂,如在高锰酸钾和氧化铁的催化作用下,过氧化氢能够迅速分解,放出大量氧、热量和水蒸气。利用这种分解的催化作用可以将本来不能自燃的推进剂变为自燃型推进剂。

过氧化氢存在危险性的本质原因是其易分解,酸度、温度、光照、杂质等都是影响过氧化氢分解的重要因素,过氧化氢在 pH 值为 4 ± 0.5 时最稳定,碱性条件下极易分解;强光,尤其是短波长射线也会引起过氧化氢的分解;过氧化氢在常温下就发生缓慢分解,在 140℃ 时迅速分解并可能引起爆炸;大多数重金属(铁、铜、银、铅、汞、锌、镍、锰等)及其氧化物和盐都是过氧化氢分解的催化剂。

过氧化氢的爆炸危险性也同样源于其分解生成氧并放出热量,尤其在密闭的环境中可能引起容器内压强迅速上升而发生猛烈爆炸。另外,过氧化氢与许多有机物(如糖、淀粉、醇类、石油产品等)形成的混合物在冲击或电火花的作用下也能发生爆炸,这是因为过氧化氢能与这些物质反应或能被这些物质中的杂质催化分解。

贮存过氧化氢的容器及组件应由相容性较好的材料制造,且非常干净,不得落入尘土、铁锈等杂质。与过氧化氢相容性较好的金属材料主要有铝、铝合金 L_2、钽等,非金属材料主要有聚四氟乙烯、充填玻璃聚四氟乙烯、乙烯-四氟乙烯共聚物等。在贮存时,不能与燃料和有机物质接触,也不得有明火或电火花,避免受到光、热和冲击的作用。

过氧化氢的毒性是由它的活性氧化作用所引起的,高浓度过氧化氢蒸气对上呼吸道和肺有刺激作用。但由于过氧化氢的挥发性很小,一般不会因呼吸吸入过氧过氢蒸气而引起中毒,考虑到其具有强烈的烧灼感,也几乎不可能吞入中毒。实际上,过氧化氢对人体的危害主要是其与皮肤、眼睛、黏膜等接触引起的化学烧伤。另外,高浓度过氧化氢溶液与普通衣物接触很容易发生着火。

(4)液氧(Liquid Oxygen,LOX)

液氧常与液氢或煤油组合成双组元液体推进剂,现代大型运载火箭多采用液氧作为氧化剂。由于低成本运载火箭是固液混合发动机技术的一个重要应用方向,20 世纪 90 年代,美国火箭公司开发了多种用于小型运载火箭的固液混合发动机,皆采用液氧作为氧化剂,供给方式有挤压和泵压两种。另外,由于便宜易得、使用方便、无毒环保等优点,液氧被大量用于固液混合发动机的实验研制及地面试车实验。

液氧为淡蓝色的无味透明液体,沸点为−183℃,冷却至−218.8℃时凝结成蓝色晶体。液氧和氧气都具有感磁性,在磁铁作用下可带磁性,并被磁铁所吸引。液氧不导电,但有电的积蓄,如沸腾时在摩擦作用下可产生电荷积存。常温下,液氧若装在绝热性能良好的容器中,当容器容积为 1.7 m^3 时 24 小时的蒸发率低至 1.4 ％,当容器容积为 5.1 m^3 时 24 小时的蒸发率仅约 0.4 ％。

液氧也是一种强氧化剂,能助燃但不能自燃。液氧的化学性质比较稳定,对撞击不敏感,也不易分解,但液氧蒸发后生成的氧气能与乙炔、氢气、甲烷等可燃气体混合形成极易爆炸的混合物。另外,液氧与凡士林、酒精、润滑油等接触时也能发生剧烈的氧化还原反应。

液氧与燃料接触时一般不会自燃,但能引起液体燃料的冷却及凝固,凝固的燃料和液氧的混合物对撞击较为敏感,在加压的情况下常常发生爆炸。因此在液氧的贮存、运输和转注等过程中,需要严格防范液氧的泄漏,并远离燃料和火源。当液氧贮存在密闭容器中,而系统又无法保温时,会由于液氧的蒸发而引起压强升高,尤其当液氧处于临界温度以上时,液氧无法维持液体状态,若泄压不及时,可能引起物理爆炸。

液氧属于低温氧化剂,贮存过程中存在蒸发损失,只能短期贮存。液氧的温度较低,贮存设备材料的选取必须考虑材料在低温下的物理性质及材料与液氧间的反应。另外,氧气可以维持人和动物的呼吸,液氧和氧气无毒,对环境也没有污染,但人和动物在高浓度氧的环境下长时间生存也会引起不良反应。液氧若喷溅到皮肤上可引起低温冻伤,因此需要采取必要的低温防护措施。

3.2.3 固液混合发动机对固体燃料的基本要求

(1)能量

对推进剂来说通常采用比冲来表征其能量,燃料是推进剂的一部分,在指定氧化剂的情况下,采用比冲作为衡量燃料能量的物理量较为合适,而当单独讨论燃料时,采用燃烧热值来表征其能量则更为适宜。航天发动机一般体积受限,在能量评价上有时还需要考虑燃料的密度,即以体积热值或密度比冲来对燃料的能量进行表征。

(2)点火性能

点火和燃烧是燃料在发动机工作过程中需要经历的两个阶段。由于固液混合发动机的燃料和氧化剂分开贮存,燃料本身具有低易损性,在燃料种类选择时可以不考虑因点火导致的各种安全事故,但燃料应具备较好的点火性能,以避免点火系统设计困难。

（3）燃烧性能

固液混合发动机所用燃料一般呈现惰性，因此普遍存在燃面退移速率及燃烧效率低的问题。在其他条件相同的情况下，较低的燃面退移速率会使燃气生成速率较低，从而导致发动机的推力难以满足设计要求，因此选用具有高燃面退移速率的燃料对发动机的设计至关重要。固液混合发动机的燃烧为典型的扩散燃烧，且扩散尺度较大，导致燃烧效率普遍较低，因此要求燃料容易与氧化剂发生燃烧反应，以提高发动机的燃烧效率。

（3）力学性能

燃料的力学性能是指在各种载荷作用下，燃料药柱发生形变和破坏的性质。发动机中的燃料药柱具有规定的形状和尺寸，这些形状和尺寸决定着其燃烧的规律性，因此要求燃料药柱具有足够的力学强度。另外，燃料在加工、贮存、运输和使用过程中，在承受各种载荷作用时，其结构也不应被破坏。在实际使用中，固体燃料药柱按装填方式可分为自由装填式和贴壁浇注式。对于自由装填式药柱来说，其载荷主要有点火冲击、起飞过载和燃烧压力；对于贴壁浇注式燃料来说，还要经受固化收缩和温度变化引起的温度载荷。

（4）贮存性能

固体燃料在完成生产后，一般要经历一定的贮存期，以提高燃料的贮存性能。延长燃料的贮存期对发动机的经济性和安全性具有重要意义，与固体推进剂不同，固液混合发动机燃料的贮存性能主要是指含高分子聚合物燃料的老化性能，燃料在老化后会出现力学性能下降、组分改变、组分迁移等不利现象，因此需要在了解老化机理的基础上，采取一定的措施来延长燃料的贮存寿命。

（5）价格

价格是决定一种燃料能否得以应用的重要因素，民用是固液混合发动机的重要应用方向，因此对燃料成本的要求也就更为苛刻。不同种类的燃料因其原材料价格的不同而呈现显著差别，如石蜡为石油副产品，年产量高，价格仅为 8～15 元/kg，端羧基聚丁二烯（CTPB）由于市场需求量小，价格可达 500 元/kg，而含能的聚叠氮缩水基甘油醚（GAP）由于生产工艺复杂，有效需求尚未建立，价格高达 2 000 元/kg。在满足燃料其他性能的基础上，选用价格更为低廉的原材料来制备燃料，可有效提高发动机的经济效益。

（6）绿色环保

火箭发动机对大气环境的影响主要体现在对对流层和平流层的影响上，可以通过工作过程中释放的燃烧产物来进行评估。对流层中对环境影响最严重的种类是 Al_2O_3 和 NO_x，由于固体燃料中可能会添加少量铝粉，因此可能对环境产生影响，而 NO_x 的排放水平也随着燃料和氧化剂的选择而变化，如使用 N_2O 作为氧化剂时会产生更多的 NO_x。对平流层的影响体现在对气候的破坏上，主要指温室效应，直接或间接造成温室效应的燃烧产物包括 CO、CO_2、H_2O 和 NO_x，但限于规模，火箭发动机的排放与工业污染源相比几乎可以忽略不计。

3.2.4 常用固体燃料原材料

（1）高分子聚合物

高分子聚合物是固液混合发动机最常用的燃料，这是因为它们基本能够满足发动机对燃料力学性能、能量、燃烧性能和绿色环保的要求，价格低廉且易于获取。固液混合发动机发展早期，常被考虑的高分子聚合物燃料为聚甲基丙烯酸甲酯（PMMA）、聚苯乙烯（PS）、聚氨酯

(PU)等惰性高分子材料。随着聚丁二烯类黏合剂在复合推进剂中的发展与广泛应用,后来聚丁二烯-丙烯腈(PBAN)、端羧基聚丁二烯(CTPB)和端羟基聚丁二烯(HTPB)逐渐成为固液混合发动机的常用燃料,其中 HTPB 目前最为常用。

随着固体推进剂全组分含能化的需求,多种含能高分子聚合物黏合剂被研制成功。这些高分子聚合物由于具有较高的生成焓和密度,与惰性高分子聚合物相比更易于发生热分解,且热分解过程放热,因此用于固液混合发动机燃料时可提高能量及燃面退移速率。考虑到技术的成熟度和成本,目前常用的是叠氮基取代的环醚高分子聚合物,如聚叠氮基缩水甘油醚(GAP)、聚 3-叠氮基甲基-3-甲基氧丁环(BAMO)和聚 3,3-双叠氮基甲基氧丁环(AMMO)等。

(2)石蜡

固液混合发动机燃料长期受限于燃面退移速率较低的缺陷,斯坦福大学的 Arif 等人在环戊烷独特燃烧性能的启发下,以石蜡为主要原材料研发出了含石蜡燃料。Arif 认为,与蒸发-扩散主导燃面退移的高分子聚合物燃料不同,燃烧过程中石蜡燃料的燃面上会形成一层薄的熔融液态层,由于该液态层的黏度和表面张力都比较低,在氧化剂气流的驱动下,熔融层的不稳定性会增加,并形成液滴进入边界层中。这种传质机理与喷注类似,都不依赖传热,因此燃料会表现出较高的燃面退移速率。

液滴形成的质量流率与气流动态压力、液态层厚度及液体性质均有关,可用下式表示:

$$\dot{m} \propto \frac{p_{\mathrm{dyn}}{}^{\beta} h^{\delta}}{\sigma^{\theta} \mu^{\lambda}} \tag{3-1}$$

式中:μ 和 σ 分别为熔融层液体的黏度和表面张力;β、δ、θ、λ 为经验系数。

由式(3-1)可知,只有当熔融层液体具有较低的黏度和较小的表面张力时,液滴才会形成。例如高密度聚乙烯(HDPE)在燃烧过程中虽然燃面上也有熔融层形成,但由于熔融层的黏度比石蜡高 4 个数量级,因此液滴形成效应并不明显。

虽然石蜡存在燃面退移速率低、价格低廉、绿色环保、超低温性能良好等优点,但是石蜡的熔点低且力学性能差,导致发动机的弹道稳定性和多次开关机能力得不到保障.因此近年来国内外也试图在石蜡中加入黏合剂来制备固体燃料,称这类燃料为含石蜡燃料。这种燃料兼具力学性能和燃面退移速率方面的优势,可能成为未来固液混合发动机的主要燃料。

(3)金属燃料添加剂

常见的金属添加剂主要是指金属单质及其氢化物,由于金属单质具有较高的密度和燃烧热值,燃烧生成的凝聚相产物还有抑制不稳定燃烧的作用,且性质稳定、价格低廉,已在固液混合发动机中得到广泛应用。

在金属单质中,铝的质量热值和体积热值都很高,常温下化学性质稳定、高温下化学性质活泼,且价格低廉,是固液混合发动机固体燃料最常用的金属燃料。镁的热值和密度虽然略低,但由于化学性质活泼、易于点火和燃烧,作为添加剂时可有效提升发动机点火燃烧性能,因此常在固体燃料中同时加入镁和铝两种金属粉作为添加剂。

此外,虽然纳米金属粉具有点火容易、燃烧时间短、燃烧效率高等优点,但目前固液混合发动机燃料中大多仍采用微米级金属粉,这主要是因为纳米粒子的性质过于活泼,在燃料制备过程中容易被迅速氧化,因纯度降低引起能量下降,还使燃料的点火性能受到影响。此外,目前纳米金属粉的价格过高,限制了其作为燃料的大规模应用。

值得注意的是,通过加入金属粉,往往能够有效提高燃料的燃面退移速率,但提高幅度受氧化剂种类、燃料配方、发动机结构、燃料药型、工作压强等多种因素的影响,目前还没有确切结论。

(4)金属氢化物添加剂

作为一类重要的储氢材料,金属氢化物具有更高的生成焓、更容易点火燃烧、燃烧产生大量低分子量的气体,不但可提高发动机能量,对改善燃料的点火燃烧性能也有明显的促进作用。一些金属氢化物的性质见表 3-1。

表 3-1 一些金属氢化物的性质

燃料	密度/(g・cm^{-3})	热分解温度/℃	生成焓/(kJ・mol^{-1})	燃烧热/(kJ・g^{-1})
LiH	0.76～0.82	972	95.8	44.2
AlH$_3$	1.49	175	-11.4	41.8
LiAlH$_4$	0.92	137	117.2	41.9
LiBH$_4$	0.67	280	190.6	60.4
NH$_3$BH$_3$	0.78	110	-56.5	46.6

由表 3-1 可知,LiBH$_4$ 和 NH$_3$BH$_3$ 的质量热值都比较高,尤其是 LiBH$_4$ 还具有极佳的热稳定性,但它们的密度都较小,且受制于硼元素燃烧耗氧量高的缺陷,在体积受限且需要自供氧的火箭发动机中没有能量上的优势。同样,LiH 和 LiAlH$_4$ 也存在密度不高的问题。

AlH$_3$ 一直以来被公认为是一种能够最先发展成熟的燃料用金属氢化物,但纯的 AlH$_3$ 在空气中不稳定,容易和空气中的水蒸气发生水解反应,并且 AlH$_3$ 也存在热分解温度低的问题。目前,通过稳定化处理,已经使 AlH$_3$ 的稳定性达到实际应用的水平,预计不久的将来会率先在高能固体推进剂中得到应用,同时也有望应用于固液混合发动机燃料中。

(4)其他添加剂

其他添加剂包括增塑剂、固化剂、热辐射吸收剂、防老剂等。对高分子聚合物燃料来说,需要加入增塑剂来降低燃料的玻璃化转变温度,从而改善燃料的低温力学性能,常用的增塑剂有邻苯二甲酸二辛酯、癸二酸二辛酯、已二酸二辛酯等。高分子聚合物需要在固化剂的作用下发生固化反应,高分子聚合物具有的官能团不同,所需要的固化剂也不同,对于 HTPB 来说通常使用甲苯二乙氰酸酯(TDI)、异佛尔酮二异氰酸酯(IPDI)等作为固化剂。

高分子聚合物在固化完成后会发生由聚合物内部物理化学变化引起的老化,为了抑制推进剂的老化,通常需要在推进剂中加入少量的防老剂。目前广泛使用的是芳胺类防老剂,如N,N′-二苯基对苯二胺(简称"防老剂 H")、N,N′-二-β-萘基对苯二胺(简称"防老剂 DNP")。

固液混合发动机的工作时间普遍较长(十数秒至几百秒),发动机工作时火焰对燃面的热反馈主要为热传导和热辐射。对于不加金属粉的某些燃料来说,由于颜色较浅,燃面对热辐射的吸收能力较弱,即热辐射容易"绕过"燃面而加热燃料内部,从而容易出现由燃料熔融、分解、蒸发等现象引起的药型改变。因此需要在燃料中添加一些深颜色的组分,最常用的是炭粉,用量在 2% 左右。由于炭粉本身也具有较高的能量,因此不会对燃料的能量产生明显的负面影响,另外,燃料中加入纳米炭粉有时还会提高燃面退移速率和燃烧效率。

3.2.5　常见推进剂组合

固液混合发动机目前最常用的燃料有高分子聚合物燃料和石蜡燃料两种，最常用的氧化剂为液氧、氧化亚氮、过氧化氢和绿色四氧化二氮。按照使用场景，常见的固液混合发动机推进剂组合有以下几种。

(1)液氧/高分子聚合物燃料

液氧的氧含量高、密度大且价格低廉，广泛用于液体火箭发动机氧化剂，固液混合发动机的一个重要应用领域就是小型运载火箭，考虑到发动机的能量与经济性，液氧成为氧化剂的最佳选择。小型运载火箭的直径为米级，因此对燃料药柱的成型工艺有着较高要求，目前只有高分子聚合物燃料能够实现大型药柱的精密制备，因此液氧/高分子聚合物燃料是目前小型运载火箭用固液混合发动机的最佳推进剂组合。随着石蜡燃料的不断发展，凭借低成本和高燃面退移速率的优势，也有可能取代高分子聚合物燃料。

(2)氧化亚氮/高分子聚合物燃料

采用氧化亚氮作为氧化剂时，固液混合发动机具有较好的贮存性，但能量较低，适用于对能量不敏感的应用领域。高分子聚合物燃料在地球气温范围内具有较好的力学性能，能够适应大机动、强震动、强冲击等复杂外界环境，因此氧化亚氮/高分子聚合物燃料是一种较好的靶标及太空飞船用固液混合发动机推进剂组合，同时该推进剂组合以往也较多地应用于探空火箭发动机中。

(3)过氧化氢/高分子聚合物燃料

过氧化氢具有能量高、密度大且成本低的优势，并且在催化床的作用下可与部分碳氢燃料发生自燃，因此作为氧化剂时发动机不需要使用点火器便可开机，更适合在可多次起动的固液混合发动机中使用。发动机关机时，燃烧室内仍然具有较高温度，若要使燃料药柱保持原有药型，则要求固体燃料具有较好的高温力学性能，因此过氧化氢/高分子聚合物燃料这种推进剂组合既能使发动机方便起动又能够保证再次起动过程中燃烧的稳定性，主要应用领域为姿轨控发动机和部分对弹道性能要求高的探空火箭。

(4)氧化亚氮/石蜡燃料

石蜡燃料具有较高的燃面退移速率，在采用简单药型的情况下可实现较大的发动机推力，且石蜡的价格比高分子聚合物低得多，具有显著的成本优势。因此近年来国内外在探空火箭领域，越来越倾向于采用氧化亚氮/石蜡燃料作为固液混合发动机推进剂。另外，由于石蜡具有较低的玻璃化转变温度(约−90℃)，且氧化亚氮的冰点较低(−90.8℃)，因此适用于极低温工作环境，如月球探测、火星探测等。

(5)过氧化氢/石蜡燃料

由于石蜡燃料的高温力学性能普遍较差，当发动机关机时未燃烧的固体燃料会在发动机余温的作用下出现变软、流淌等现象，使燃料药型发生明显改变而无法满足发动机的再次起动要求，因此过氧化氢/石蜡燃料推进剂组合通常不能使固液混合发动机具有多次起动能力。但由于过氧化氢的能量较高，而石蜡燃料的燃面退移速率较高且价格低廉，因此这种推进剂组合更适用于对能量和价格具有特殊要求的探空火箭发动机。

(6)绿色四氧化二氮/石蜡燃料

对于低温应用环境来说，不但要考虑氧化剂的冰点，还要能保证推进剂具有较好的低温点火性能。四氧化二氮的氧化性较强且密度大,是一种常用的液体氧化剂,由于氧化性强,低温下较易点火,但却存在冰点高的缺陷($-11.23℃$),无法适应低温环境。绿色四氧化二氮是在四氧化二氮中加入一定量的一氧化氮制成的,具有更低的冰点并且腐蚀性可显著减弱,因此可以采用绿色四氧化二氮/石蜡燃料作为低温固液混合发动机推进剂。如美国喷气推进实验室正在以冰点为$-55℃$的$MON-25$(一氧化氮含量为25%)作为氧化剂,研制用于火星样品返回器上升级的固液混合发动机。

3.3 固液混合火箭发动机的边界层燃烧

3.3.1 固液混合发动机燃烧过程

固液混合发动机工作时,液体氧化剂通过管路及喷注器后破碎成微小液滴并形成射流进入固体燃料孔道中,氧化剂与燃料分解气体(或夹带液滴)混合并发生燃烧反应,燃烧产物流经喷管后加速喷出从而产生推力。因此,固液混合发动机的燃烧过程主要包括:液体氧化剂的喷注、雾化、蒸发和蒸气向燃面的扩散;固体燃料在气体的对流和辐射传热作用下发生热分解,热分解气体向气流中心扩散,液体氧化剂蒸气与固体燃料热解气体混合、燃烧;对于石蜡燃料,还存在液滴的夹带及燃烧等。下述以高分子聚合物燃料的燃烧为例,从前燃烧室内的燃烧准备、主燃烧室内的扩散燃烧及后燃烧室内的补燃三个阶段描述固液混合发动机的燃烧过程。

(1)前燃烧室内的燃烧准备

为了达到较好的燃烧效果,液体氧化剂在进入燃烧室之前必须先进行雾化和蒸发,由于氧化剂喷注器后有台阶式结构,当氧化剂喷入燃烧室内时形成突扩,因此在靠近主燃烧室附近还发生着氧化剂和少量燃气的回流,起到稳定燃烧的作用。氧化剂和燃料的掺混、燃烧主要在主燃烧室的燃烧边界层中进行,发生着氧化剂流与燃料分解气相产物间的燃烧反应,通常由扩散控制。

(2)主燃烧室内的扩散燃烧

固液混合发动机中燃烧主要发生在主燃烧室的边界层中,发生的是氧化剂气体和燃料气化产物之间的反应,通常由扩散控制。在发动机头部,燃料孔道内的自由流为氧化剂流,沿着燃气流动方向孔道内氧化剂的质量分数逐渐降低,使火焰面离燃面越来越远。如果在孔道某个位置处氧化剂被全部消耗,理论上将没有火焰面存在,但高温燃烧产物的传热作用仍然会使固体燃料继续分解。

(3)后燃烧室内的补燃

固液混合发动机中的燃料和氧化剂分别以固态和液态形式存在,导致燃烧为典型的扩散燃烧且扩散尺寸较大,由于燃气流速较大且发动机空间有限,燃料和氧化剂在主燃烧室内一般难以完全反应,需要在主燃烧室后设置一个空腔,作为后燃烧室,为补燃使用。经主燃烧室中的扩散燃烧后,可认为燃料与氧化剂已基本混合完全,因此后燃烧室内进行的燃烧为反应速率控制。为了保证发动机具有较高的燃烧效率,当采用高分子聚合物燃料时,一般后燃烧室长度设计为燃料外径的0.8倍左右,对于石蜡燃料来说由于夹带液滴更难以消耗,后燃烧室长度需要设计得更大。

3.3.2 燃烧边界层基本概念

固液混合发动机的燃烧过程十分复杂,对该过程进行研究时,必须考虑固体燃料孔道内两种不同流动引起的反应流:一种是经喷注器喷射到装药通道前部氧化剂的流动;另一种是固体燃料高温分解产物的流动。一般认为固体燃料的燃面上方存在较薄的燃烧边界层,燃料和氧化剂间的混合与燃烧过程主要发生在该区域内,且边界层中存在强烈的传热和传质过程。火焰区向燃面的传热、氧化剂流的气动特性和燃料本身的理化特性决定了燃面的退移,因此认识燃烧边界问题的关键在于获得燃面上的物理化学行为与流动间的相互影响。

Bartel 和 Rannie 在对大量实验数据进行分析后认为,氧气扩散和输运到燃面的速度决定了燃面退移速率,并且与沿轴向的气体流量相比,由燃烧产生的流量可忽略不计。若假设固体燃料分解产物与氧气在孔道内充分混合,氧化剂为一维轴向流动,进入药柱孔道时的初速度为 u_0,密度为 ρ_0,压强为 p_0,静温为 T_0,可以得到单位时间单位面积消耗的燃料质量的半经验公式

$$m_f = 0.5 C_f G f_m \exp(-2C_f x/D) \tag{3-2}$$

式中:C_f 为燃料的表面摩擦系数;G 为通过燃料内孔的平均流强;f_m 为燃料/空气的反应比;x 为轴向位置;D 为孔道内径。

Emmon 假设边界层内存在有限厚度的层流火焰区域,Prandtle 数、Lewis 数和 Schmidt 数为常数,并将能量、动量和组分方程带入 Blasius 相似方程,得到单位时间单位面积消耗的燃料质量表达式,即

$$m_f = \rho_e u_e Y(B) Re_x^{0.5} \tag{3-3}$$

式中:$\rho_e u_e$ 为中心气流的流强;Re_x 为雷诺数;$Y(B)$ 为吹扫参数 B 的函数,吹扫参数 B 定义为通道内单位质量流率的热能和固体燃料分解到边界层所需热能之比。

由于假设流动为层流,因而得到的流强指数较小,为 0.5,而实际上在大雷诺数流动以及壁面加质而引发的不稳定因素的影响下,装药通道的流动应为湍流。Emmons 所做工作的重要意义是引入了吹扫参数 B,这一参数被后续研究者认为是分析边界层燃烧的核心。

3.3.3 高分子燃料燃烧机理

Marxman,Gilbert,Wooldridge 和 Muzzy 针对传统的惰性高分子燃料,建立了完善、具影响力的扩散燃烧传热理论,燃烧过程的简化模型如图 3-7 所示。根据他们的假设,边界层以火焰区为界限分为富氧区和富燃区,在富氧区温度梯度与速度梯度方向相反,而在富燃区温度与速度梯度方向相同,并且认为火焰向固体燃料装药的传热控制着燃面的退移,他们在燃面上应用简化的能量守恒方程,获得了燃面退移速率的简单表达式,即

$$\rho_f r = Q_w / \Delta H \tag{3-4}$$

式中:Q_w 为燃气向燃面的总传热率,包括对流传热率和辐射传热率,ΔH 是燃料的有效汽化热。

为了从式(3-4)推导出燃面退移速率,Marxman 等人作出以下假设:①边界层内流动均为湍流;②雷诺数在边界层内、外均恒定,并且 Le=Pr=1 恒成立;③边界层内的速度梯度不会因壁面加质和燃烧而受影响。通过这些假设,得到忽略辐射传热时的燃面退移速率公式

$$r = 0.0376 \frac{G^{0.8}}{\rho_p} \left(\frac{\mu}{x}\right)^{0.2} B^{0.23} \tag{3-5}$$

式中:G 为燃气流强;μ 为气体黏度;x 为沿轴向距离;ρ_p 为推进剂密度;B 为吹扫参数。

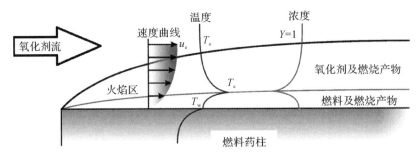

图 3 - 7　扩散控制的发动机燃烧过程简化模型

当有金属颗粒时,辐射传热也比较重要,要在上式添加辐射传热项

$$Q_{rad} = \sigma\varepsilon_w(\varepsilon_g T_f^4 - a_g T_w^4) \tag{3-6}$$

式中:σ 为玻尔兹曼常数;ε_w 为壁面的发射率;ε_g 为气体在火焰温度 T_f 下的发射率;a_g 为壁面温度为 T_w 时气体的吸收率。

由于当辐射传热增加时,表面加质增加,使得对流传热的阻滞效应增大,最终会引起对流传热率减少。此外,为了简化计算,在湍流燃烧中常通过斯坦顿数与表面摩擦系数来建立传热与湍流流动的关系。因此,火焰向燃面的传热率常常表示对流传热率的函数

$$q_t = q_c \varphi_r \tag{3-7}$$

式中:φ_r 为辐射修正因子。Maxman 提出修正因子为

$$\varphi_r = \frac{q_r}{q_c} + \exp\left(-\frac{q_r}{q_c}\right) \tag{3-8}$$

因此,考虑辐射传热时的燃面退移速率计算公式可表示为

$$r = 0.037\,6\,\frac{G^{0.8}}{\rho_p}\left(\frac{\mu}{x}\right)^{0.2}B^{0.23}\varphi_r \tag{3-9}$$

Maxman 认为,燃面退移速率在很大程度上依赖总的流强 G。因为 G 在某个位置 x 处的值取决于进入燃料内孔的氧化剂流和该位置上游的所有燃料组分,所以局部燃面退移速率取决于所有上游位置的燃面退移速率。此外,在燃烧过程中,G 随着药孔截面积的增大而减小,因此,燃面退移速率一般随着药柱轴向位置的增加而增大,却随着时间的增加而减小,正与Houser 和 Peck 的实验结果相一致。然而在式(3 - 9)中,燃面退移速率也表现出与轴向位置 x 间的弱负相关性,这反映了边界层的生长会影响热传递,随着下游方向边界层厚度的增加,垂直于燃面的边界层温度和梯度较小,其他参数变化也不大,这种现象导致对流传热减小。Chiaverini 和 Yuasa 等的试验结果也已经验证了这一现象。

3.3.4　石蜡燃料燃烧机理

有些固体燃料在燃烧时存在黏度和表面张力都比较低的熔融层,并且在气动力的作用下该熔融层的不稳定性增加,形成的液滴进入边界层中参与反应,这一额外的传质机制不依赖于传热,因此使燃料表现出较高的退移速率,熔融层不稳定控制的燃烧过程简化模型如图 3 - 8 所示。具有这种传质机制的燃料分为两种:一种是低温固体推进剂,在室温条件下呈液态或气态,在低温下冻结形成固体药柱,例如低温的固体氢、固体煤油、固体甲烷、固体戊烷和固体氨等;另一种是石蜡燃料,它们在常温下是固态的。当存在液滴夹带传质机制时,燃面退移速率

由蒸发退移速率和液滴夹带退移速率组成。

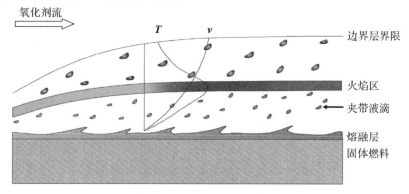

图 3 - 8　熔融层不稳定控制燃烧过程简化模型

Karabeyoglu 等研究了低温固体燃料燃烧时熔融层在强吹扫和大剪切力作用下的稳定性,并通过风洞试验和热气流实验得到了液滴夹带质量流率的经验公式

$$\dot{m}_{ent} = \rho_p \dot{r}_{ent} = 1.41 \times 10^{-3} (X_e - 2\ 109) \dot{m}_l \tag{3-10}$$

式中:$\dot{m}_{ent}$ 为液滴夹带质量流率;$\dot{r}_{ent}$ 为液滴夹带引起的退移速率分量;X_e 为夹带参数;$\dot{m}_l$ 为熔融层单位宽度上的质量流率。式(3 - 10)说明,$X_e = 2\ 109$ 是一个界限值,只有当 $X_e > 2\ 109$ 时,才会有夹带质量传递。对于固液混合发动机来说,X_e 比临界值大得多,Karabeyoglu 给出了 $\dot{m}_{ent}$ 的另一经验表达式

$$\dot{m}_{ent} \propto \frac{C_f p_d^{\alpha} h^{\beta} \rho_l}{\mu_l^{\gamma} \sigma^{\pi}} \tag{3-11}$$

式中:p_d 为药柱通道的动压,$p_d = G^2/2\rho$;C_f 为表面摩擦系数;h 为熔融层厚度;σ、μ_l 和 ρ_l 分别为熔融层的表面张力、黏性系数和密度;α、β、γ 和 π 为经验系数。

液滴夹带质量传递改变了边界层燃烧的边界条件,若用类似于 Marxman 经典燃烧理论的方法来分析熔融层燃烧的退移速率,则需要根据熔融层燃烧的特点对经典燃烧理论作适当的修正。于是 Karabeyoglu 等给出了以下假设:

1)燃面总退移速率为蒸发退移速率和夹带退移速率之和,即

$$\dot{r} = \dot{r}_{ent} + \dot{r}_v \tag{3-12}$$

式中:$\dot{r}_v$ 为蒸发退移速率分量;$\dot{r}_{ent}$ 为液滴夹带退移速率分量,它不需要汽化热,液滴也不需要完全加热到 T_v,假设夹带液滴在熔融层中的加热与蒸发退移速率分数呈正比。因此,燃料熔融层燃烧的有效汽化热比经典燃烧理论中的小。

2)液滴夹带进入气流中形成两相燃烧和两相流动,从而影响对流传热。由于两相燃烧和两相流动非常复杂,因此在近似计算中忽略它们的影响。只有蒸发蒸汽对对流传热起阻塞作用,其吹扫系数比经典的吹扫系数小,即

$$B_g = B \left(\frac{\dot{r}_v}{\dot{r}_{cl}} \right)^{0.75} \tag{3-13}$$

式中:$\dot{r}_{cl}$ 为无液滴夹带时的退移速率(经典退移速率);B_g 为熔融层蒸发质量传递的吹扫系数;B 为经典吹扫系数。

3)熔融层表面不稳定形成波纹,增加了表面的粗糙度,从而增大了火焰对燃面的传热。计

算表明,与前两个因素相比,该影响较小。表面粗糙度对传热影响的修正因子为

$$F_r = 1 + \frac{14.1\rho^{0.4}}{G^{0.8}(T_f/T_v)^{0.3}} \tag{3-14}$$

式中：T_f 为火焰温度；T_v 为蒸发温度。

Karabeyoglu 通过考虑熔融层燃烧的特点,并忽略辐射传热对对流传热的影响,由气-液界面的能量平衡,最终得到退移速率的表达式

$$\dot{r}_v + [R_{he} + R_{hv}(\dot{r}_v)]\dot{r}_{ent} = F_r\frac{0.029\ 6\mu}{\rho_p}\left(1 + \frac{Q_r}{Q_c}\right)B\frac{St}{St_0}G^{0.8}x^{-0.2} \tag{3-15}$$

式中：

$$R_{he} = \frac{L_m + c_s\Delta T_s}{L_m + L_v + c_s\Delta T_s + c_s\Delta T_s}$$

$$R_{hv} = \frac{c_l\Delta T}{L_m + L_v + c_s\Delta T_s + c_l\Delta T_l}$$

式中：L_m 和 L_v 分别为熔融潜热和蒸发潜热；c_s 和 c_l 分别为固体和液体的比热。

尽管熔融层燃烧理论是基于低温固体推进剂的,但是它适用于在燃面上形成熔融层的任何燃料。Karabeyoglu 在正构烷烃上应用相同的理论,证明了对于碳原子数在 $16 \sim 50$ 范围内的石蜡和聚乙烯蜡,在燃烧时同样可产生液滴夹带,并且预测石蜡的液滴夹带速率与低温戊烷的夹带速率相当。由于液滴夹带这一加质机制不依赖于传热过程,因此具有液体夹带燃烧机理的燃料都具有较高的燃面退移速率,这也使石蜡燃料成为未来固液混合发动机的理想燃料之一。

3.4 固液混合火箭发动机的性能

3.4.1 燃面退移速率

燃面退移速率是指单位时间内燃料药柱的燃面向未燃区域推进的距离,它是固液混合发动机及燃料药柱设计的关键技术参数,较高的燃面退移速率可在燃面较小的情况下实现较大的发动机推力。由于固液混合发动机燃料通常由惰性物质组成,因此往往存在燃面退移速率较低的问题,如前文所述,扩散过程为燃料燃烧的控制机制,因此燃面退移速率一般可通过经验公式来表示,即

$$r = aG^n \tag{3-16}$$

式中：a 为流强系数；n 为流强指数。这两个参数可通过不同氧化剂流强下的燃面退移速率拟合得到。

对于燃面退移速率的确定来说,目前发动机试车实验是唯一有效的方法。普遍的做法是实验前测量燃料的肉厚或质量,实验后再对燃料的肉厚或质量进行测试,根据肉厚差(质量差和药型)及燃烧时间便可获得较为准确的平均燃面退移速率。近年来,国内外还采用超声波法、X 射线实时荧屏分析、微波技术等来获得实时燃面退移速率。

固液混合发动机的发展长期受燃面退移速率低的缺陷制约,目前主要采用改变燃料配方及发动机结构的方法来提高燃面退移速率。对于燃料配方来说,通过采用具有液滴夹带加质机制的石蜡燃料、采用更易热分解的含能高分子聚合物、加入适量纳米金属粉、加入金属氢化

物及加入燃烧催化剂等都是提高燃面退移速率行之有效的方法。从发动机结构角度来说,采用高旋流数的喷注器及燃料药型都可以显著提高燃面退移速率。

3.4.2 燃烧效率

由于燃料为固体形态,氧化剂和燃料间的燃烧表现为扩散燃烧且扩散尺度较大,加之燃气流速较高,在发动机有限空间内氧化剂和燃料往往无法燃烧完全,导致固液混合发动机的燃烧效率通常比液体火箭发动机和固体火箭发动机都略低。固液混合发动机的燃烧效率通常采用特征速度效率来进行表征,即

$$\eta_{c^*} = \frac{c_{exp}^*}{c_{theo}^*} \qquad (3-17)$$

式中:c_{exp}^* 为实测特征速度;c_{theo}^* 为理论特征速度。实测特征速度可通过发动机试车实验获得的内弹道曲线计算得到,理论特征速度可通过热力学计算得到。

由于燃烧过程为扩散控制,因此提高发动机燃烧效率的主要途径为设置适当长度的后燃烧室和对燃气流动路径进行干预。后燃烧室是固液混合发动机的必要构成,但过长的后燃烧室虽然会获得较高的燃烧效率,但却会显著增加发动机的消极质量,实用性较差。干预燃气流动路径的主要思路是:通过延长燃气的流动路径,提高氧化剂与燃料间的掺混程度,从而使燃烧效率得以提高。具体方法是:使用旋流喷注器,使用可以使燃气旋流的燃料药型,在燃烧室中安装隔板,采用旋流结构特殊发动机等。

值得注意的是,虽然液滴夹带机制赋予了石蜡燃料较高的燃面退移速率,但夹带液滴的燃烧为气-液两相燃烧,燃烧反应的速率较小,对发动机的燃烧效率存在明显的负面影响,因此当采用石蜡燃料时,应在发动机设计与评估时对该问题予以重点考虑。

3.4.3 推力调节原理

和液体火箭发动机类似,固液混合火箭发动机也是通过调节推进剂的流量实现对推力的调节,但有所不同的是,固液混合火箭发动机一般只主动调节液体氧化剂的流量,而固体燃料的流量会根据边界层燃烧理论进行被动调节,从而实现对推进剂总流量和推力的调节。

根据火箭发动机比冲定义,固液火箭发动机的推力可表示为

$$F = \dot{m}I_s = (\dot{m}_o + \dot{m}_f)I_s \qquad (3-18)$$

式中:$\dot{m}_o$ 为液体氧化剂质量流量;$\dot{m}_f$ 为固体燃料燃烧产生燃气的质量流量;I_s 为发动机比冲。

在忽略燃烧室压强对比冲影响的条件下,由式(3-18)可以看出,固液混合火箭发动机的推力与液体氧化剂和固体燃料的流量和近似成正比。然而根据式(3-9)或者式(3-15)可知,固体燃料的燃速受来流氧化剂流量的影响,呈非线性变化规律,因此,固液混合火箭发动机的推力一般并不会随氧化剂流量线性变化,下面进行分析。

以某一圆形内孔型燃面的高分子聚合物燃料药柱为例,装药长度为 L,燃料密度为 ρ_p,开始推力调节时内孔的半径为 R,则燃料质量生成率为

$$\dot{m}_f = \rho_p A_b \dot{r} = 2\pi\rho_p R L r_b \qquad (3-19)$$

式中:A_b 是燃烧通道的表面积;r_b 是药面退移速率。

结合式(3-9),可得到以燃烧通道半径和氧化剂质量流量表示的燃料生成率:

$$\dot{m}_f = 0.094\,5\frac{L}{R^{0.6}}\dot{m}_o^{0.8}\left(\frac{\mu}{x}\right)^{0.2}B^{0.23}\varphi_r \tag{3-20}$$

因此,可以得到如下两个参数:

1)燃料和氧化剂流量比:

$$\frac{\dot{m}_f}{\dot{m}_o} = 0.094\,5\frac{L}{R^{0.6}}\dot{m}_o^{-0.2}\left(\frac{\mu}{x}\right)^{0.2}B^{0.23}\varphi_r \tag{3-21}$$

2)推力和氧化剂流量比:

$$\frac{F}{\dot{m}_o} = \left(1+\frac{\dot{m}_f}{\dot{m}_o}\right)I_s = \left(1+0.094\,5\frac{L}{R^{0.6}}\dot{m}_o^{-0.2}\left(\frac{\mu}{x}\right)^{0.2}B^{0.23}\varphi_r\right)I_s \tag{3-22}$$

由式(3-21)可知,随着氧化剂流量增加,燃料和氧化剂质量流量比将减小,即氧燃比增大。如果氧化剂流量增大为原来的 5 倍,那么氧燃比将增大为原来的 1.38 倍。根据火箭发动机原理相关知识可知,氧燃比对火箭发动机的燃烧温度、特征速度和比冲影响均比较大,氧燃比越接近恰当比,燃烧温度越高,特征速度和比冲越大。

由式(3-22)可知,随着氧化剂流量的增加,质量比将减小。为了保持推力和氧化剂流量的线性关系,需要进一步在比冲方面下功夫。比如将大推力工作状态设计为恰当比,那么小推力时就是富燃状态。因此,随着氧化剂流量增加,比冲增大,在比冲和质量比的综合影响下,使得发动机推力随氧化剂流量呈线性变化,但是过于富燃可能会影响发动机的点火和燃烧效率等性能,因此固液混合火箭发动机推力调节范围相比液体火箭发动机有所受限。

3.4.4　多次起动性能

固液混合发动机的氧化剂和燃料分开放置,通过控制氧化剂流的通断,可较容易地实现发动机的开、关,这同时也是固液混合发动机的优势之一。从实际操作的角度来说,只要合理地使用断流阀,便能够可靠地对氧化剂的通断进行有效控制,但若要使发动机具有多次起停能力,还要满足:①发动机设计有多次点火器;②燃料具有较好的高温力学性能;③燃料的化学热稳定性强。

当采用过氧化氢作为氧化剂时,一般在推力室前安装催化床,当过氧化氢流经催化床时迅速分解生成水和氧气,并放出大量的热(一般在 1 500 K 左右),热的水和氧气混合物流经燃料时会发生自燃,因此不必设置多次点火器。但当采用其他氧化剂时,便要考虑多次点火的问题,当重启次数较少时,采用多个烟火式点火器并联的方式便可方便地实现发动机的多次起动,但当重启次数较多时,采用火炬式点火式则更为便捷。

当正常工作的发动机停机后,燃烧室内的温度仍然较高,且这种状态会持续数分钟甚至数十分钟。若燃料的高温力学性能较差,则会出现燃料药柱的变形、甚至流淌,导致药型难以保证,石蜡的熔点较低,这一问题对石蜡燃料来说尤为致命。若燃料中含有较多易分解组分,则即使在无氧化剂条件下燃料仍然会进行热分解,在无法关机的同时还损失了能量。此外,为了提高燃面退移速率,一种常见做法是在燃料中加入一定量的氧化剂(如高氯酸铵),当氧化剂含量较高时也会出现熄火不彻底的问题。因此,对于可多次起动的固液混合发动机而言,最常采用的仍然是以 HTPB 为代表的惰性高分子聚合物燃料。

3.5 固液混合火箭发动机推力调节实例

目前,固液混合火箭发动机常用的推力调节方法主要有三种,分别为基于可调气蚀文氏管的推力调节方法、基于 PID 算法控制球阀开度的推力调节方法和基于并联平行氧化剂供给管路的推力调节方法。现在结合实例对这三种方法进行介绍。

3.5.1 基于可调气蚀文氏管的变推力调节

可调气蚀文氏管最早应用于液体火箭发动机中,具有优异的调节性能,也是固液混合火箭发动机氧化剂流量调节的常用方法之一。可调气蚀文氏管的基本工作原理在第 1 章中已经进行了讲述。

帕多瓦大学的 Alessandro Ruffin 等设计并提出了一种基于可调气蚀文氏管的流量控制阀,如图 3-9 所示,其采用可编程控制器控制步进电机动作,通过驱动螺杆将转动变换成平动,推动调节针锥轴向移动,改变文氏管喉部面积,从而实现对氧化剂质量流率的实时控制。对于锥形针锥,文氏管喉部区域可假定为母线垂直于锥形针锥表面的横向区域。因此,针锥行程的喉部面积函数为

$$A_{th} = \pi \left\{ 2 \frac{\tan a}{\cos \alpha} [R_{th} + R_{up}(1 - \cos \alpha)] x - \frac{\tan^2 \alpha}{\cos \alpha} x^2 \right\} \qquad (3-23)$$

式中:α 是顶角半角;R_{th} 是喉部半径;R_{up} 是上游喉部半径;x 是针锥行程,其从针锥接触文氏管的位置开始(此时文氏管喉部面积最小)。

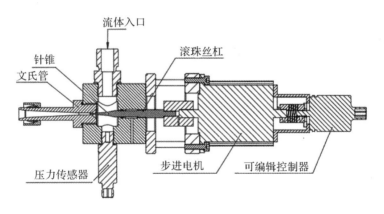

图 3-9 可调气蚀文氏管剖面图

当氧化剂下游压力与上游压力之比小于 0.8 时,文氏管喉部发生气蚀,流量与下游压力无关,因此氧化剂质量流率的函数关系式为

$$\dot{m} = C_D A_{th} \sqrt{2\rho (p_{0,up} - p_{0,sat})} \qquad (3-24)$$

式中:A_{th} 是装置喉部区域;C_D 是流量系数;ρ 是工作流体密度;$p_{0,up}$ 和 $p_{0,sat}$ 分别是流体的上游压力和流体的饱和蒸气压。因此,当文氏管发生气蚀时氧化剂质量流率完全取决于上游总压力。图 3-10 为质量流率随针锥行程变化曲线。

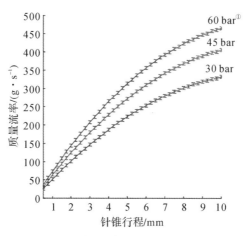

图 3-10 质量流率随针锥行程变化曲线

由图 3-10 可知,针锥行程较小时,液体氧化剂质量流率几乎呈线性增长,随着针锥行程增加,质量流率增长速率逐渐变慢,因此氧化剂质量流量是精确可控的,不容易发生失控。

为了进一步验证该方法进行推力调节的可行性,研究者开展了以 90% 过氧化氢(H_2O_2)作为氧化剂,高密度聚乙烯(HDPE)作为固体燃料的固液混合火箭发动机点火实验。为避免针锥在调节过程中由于驱动螺杆的螺纹公差引起的实验误差,同时保证氧化剂质量流率不受下游压力的影响,将针锥行程的最小值设置为 0.5 mm,最大行程为 6 mm,针锥的步长设置为 0.25 mm,因此,可调气蚀文氏管的氧化剂质量流率调节范围为 30～300 g/s。发动机点火实验结果表明,最大燃烧室压强和推力分别为 4.5 MPa 和 720 N,推力调节比可达 6∶1。同时,燃烧室压力随氧化剂流量几乎呈线性增加,表明可以通过调节针锥位置实现对氧化剂质量流率的控制,从而实现对固液混合发动机推力的调节。

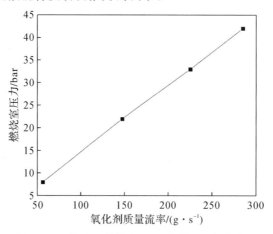

图 3-11 推力和燃烧室压强随时间的变化曲线

赵胜等人使用 90% 过氧化氢(H_2O_2)作为氧化剂、聚乙烯(PE)作为固体燃料,利用可调气蚀文氏管,进行了氧化剂节流实验来评估固液混合发动机的性能,实验结果如图 3-12 所示。

①1 bar＝0.1 MPa。

最小和最大推力分别为 165.7 N 和 1 251 N,推力调节范围为 7.5:1,且在整个推力变化范围内推进剂燃烧稳定。推力上调过程中的最大节流比为 2.08:1,推力下调过程中最大节流比为 5.32:1。结合图 3-13 分析可知,增大节流比时,p_c,F 和氧化剂质量流率的响应时间分别为 0.2~0.4 s,0.3~0.9 s 和 0.1~0.7 s,且响应时间随节流比增大而增加,这主要是由于当节流比较大时,针锥机械运动距离较长,耗时较多。

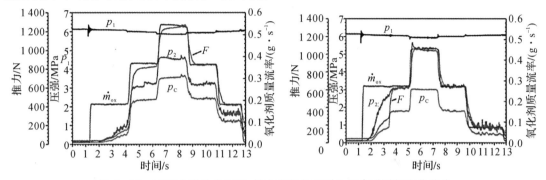

图 3-12　变推力发动机压强、推力和氧化剂质量流率随时间变化曲线

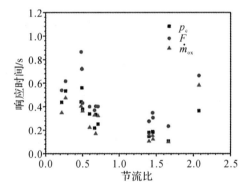

图 3-13　不同节流比下压强,推力和氧化剂质量流率的响应时间

Benjamin L. Austin 等以 90%H_2O_2 作为氧化剂,采用可调气蚀文氏管调节氧化剂质量流率,由于有效流量系数与针锥行程之间存在非线性关系,因此他们进行了氧化剂节流实验来验证文丘里管的的实际性能。在增压阶段,控制针锥行程使燃烧室压力达到 3.585 MPa,随后调节针锥位置以降低氧化剂质量流率,使燃烧室压力下降至 2.068 MPa,在整个调节过程中,节流比为 56%。实验的燃烧室压强和针锥位置关系曲线如图 3-14 所示,图 3-15 显示了固液混合发动机地面试车三个不同阶段的图像。

为了确定推力调节系统的最大节流比,控制针锥位置,使阀门开至 60%(氧化剂流量不受下游压力限制的最大阀门开度),持续 2 s,然后在 10 s 内利用 PLC 程序调节针锥位置,从而使氧化剂质量流率逐渐减小。图 3-16 描述了实验的燃烧室压强和针锥位置的关系曲线,结果表明:当阀门开度为 18% 时,在低至 55 psia 的压强下推进剂仍可稳定燃烧。在初始腔室压力为 515 psia 的情况下,点火试验的压强调节比接近 10:1。

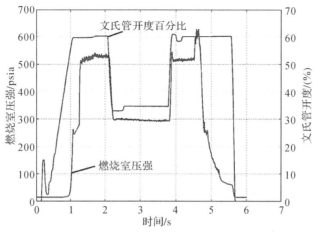

图 3-14　针锥位置与燃烧室压强关系曲线

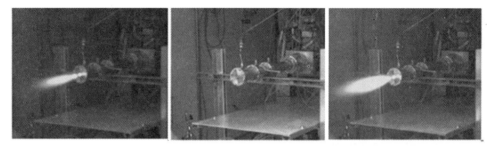

图 3-15　混合发动机不同节流比下的点火试验图像

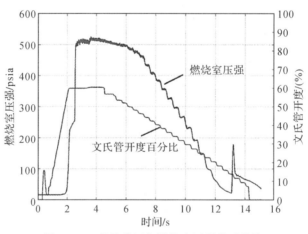

图 3-16　针锥位置与燃烧室压强关系曲线

美国犹他州立大学的 Stephen A. Whitmore 等采用可调气蚀文氏管进行氧化剂流量调节,进行了以氧化剂为 N_2O 和固体燃料为 HTPB 的固液混合发动机推力调节实验。实验结果表明,推力可从 800 N 调至 12 N,推力调节比为 67:1,推力和燃烧室压强曲线如图 3-17 所示。相比之下,航天飞机主发动机通常以 1.67:1 的比例节流,具有可变几何形状喷射器的液体火箭的调节比仅接近 20:1。因此,固液混合火箭发动机理论上可拥有较大的推力调节平台,易于满足未来航天器高机动性需求。

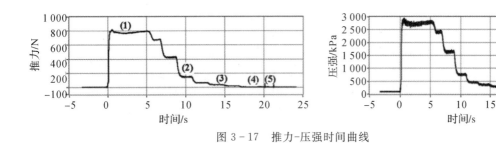

图 3 - 17 推力-压强时间曲线

3.5.2 基于 PID 算法控制球阀开度的推力调节

基于 PID 的流量控制系统最初应用于液体火箭发动机中,用于调节氧化剂和燃料的流量比,实现推力调节。近年来,随着混合动力火箭的兴起,PID 流量控制系统也逐渐被应用于固液混合发动机中。PID 的全称是比例积分微分控制,其算法的主要优点是计算简单、可靠性高。在固液混合火箭发动机推力调节过程中,氧化剂质量流率存在非线性和时变性,通常难以满足预设条件,若在调节过程中采用 PID 控制系统,可使流量控制更加精确可靠。PID 控制系统通过电磁流量计实时采集流量数据,将反馈信号放大、滤波和转换后,经可编程控制器读入并进行 PID 运算,然后输出相应的电信号,控制执行器调节球阀开度,从而实时调节氧化剂质量流率,以满足固液混合发动机的推力调节需求。

南非纳塔尔大学的 Timothy Velthuysen 等采用 N_2O/石蜡基固液混合火箭发动机,设计了基于 PLC 闭环控制的推力调节系统,以此来控制球阀的开度,从而实现对氧化剂质量流率的调节。PLC 的模拟量输出模块连接到球阀的电动执行器。当压力传感器输出不同程度的电流或者脉冲信号时,控制器会根据反馈来的信号,进行 PID 运算并输出相应的电信号,控制电动执行器调节球阀的开度,以达到模拟控制的目的,从而实现对发动机燃烧室压强和推力的调节,实验结果如图 3 - 18 所示。

结果表明,实现推进剂稳定燃烧的阀门开度范围是 $20°\sim90°$。当阀门开度为 $90°$ 时,设定燃烧时间为 3 s,燃烧室压强可达 4.5 MPa,推力可达 700 N,当阀门开度减小到 $20°$ 时发动机仍可以实现稳定燃烧,燃烧室压强降至 2 MPa,推力变化至 200 N。实验结果证明:可通过调整阀门开度来控制氧化剂质量流率,进而调整发动机的工作性能,实现能量性能控制。但阀门开度重新开启 $90°$ 时,发动机由于 N_2O 分解超压发生爆炸,导致推力调节失败。

Carlos Alberto 等采用氧化亚氮作为氧化剂、石蜡(Paraffin Wax)作为固体燃料,设计了基于 LUC 开源编辑器的氧化剂闭环控制系统,进行了固液混合发动机的推力调节实验。调节系统的示意图如图 3 - 19 所示。该系统包括氧化亚氮供给管路、液化石油气(Liquefied Petroleum Gas,LPG)点火管路。管路连接由推力传感器、压力传感器以及控制氧化剂流量的球阀组成。压力传感器将燃烧室压力转化为电信号反馈至开源编辑器,编辑器基于提前设计好的脚本语言输出电信号,调节球阀开度,从而实现对氧化剂质量流率的调节。

氧化剂喷注采用旋流喷注器,以提高燃烧效率。图 3 - 20 显示了推力对氧化剂质量流率改变的响应。点火后(290 s 前的较小峰值)可以看到推力的上升。控制阀门在 5 s 内完全打开达到 100% 的氧化剂质量流率,推力维持在 100 N 左右;稳定 8 s 后,将氧化剂流量调节至 80%,推力达到 80 N,当阀门进一步将氧化剂流量降低至约 40% 时,推力降低至约 40 N。可以看出,虽然推力没有严格按照预设程序变化,但可以证明这种方法能用于固液混合发动机的变推力调节。

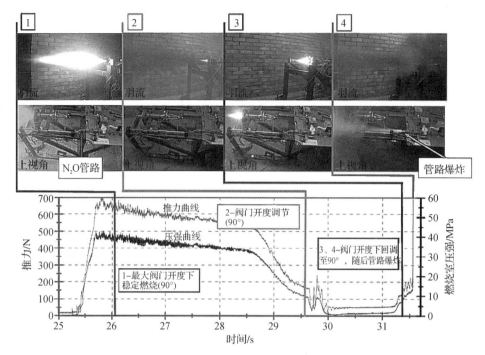

图 3-18 燃烧室压强、推力时间曲线

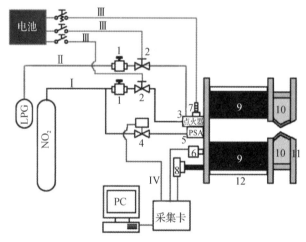

图 3-19 推力调节系统图

Ⅰ—NO₂ 供给管路；Ⅱ—LPG 供给管路；Ⅲ—电源线；Ⅳ—数据线；

1—压力传感器；2—电磁阀；3—电火模块；4—电动气动阀；

5—电力开关；6—压电传感器；7—火花塞；8—推力传感器；

9—石蜡；10—铜质喷管；11—不锈钢；12—尼龙管

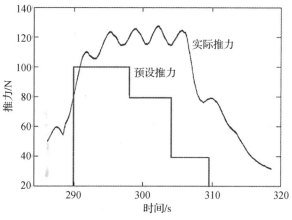

图 3 - 20　推力-时间曲线

Zachary S. Spurrier 等设计了如图 3 - 21 的基于 PID 算法的闭环节流控制系统,用以调节氧化剂质量流率,从而实现对固液混合发动机推力的调节,并进行了以氧气(GOx)为氧化剂、丙烯腈-丁二烯-苯乙烯(ABS)共聚物为燃料的固液混合发动机实验,实验结果如图 3 - 22 所示。结果表明:推力曲线可以分为明显的两段,但压强并未达到预期平衡效果。

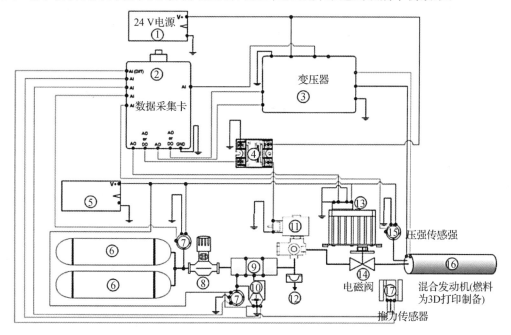

图 3 - 21　基于 PID 运算的闭环节流控制系统原理图

1—24 V 电源;2—数据采集卡;3—变压器;4—固态继电器;5—12 V 电源;

6—氧化剂贮罐;7—减压阀;8—流量控制阀;9—文氏流量计;10—压力计;

11—电动执行器;12—防爆膜;13—控制单元

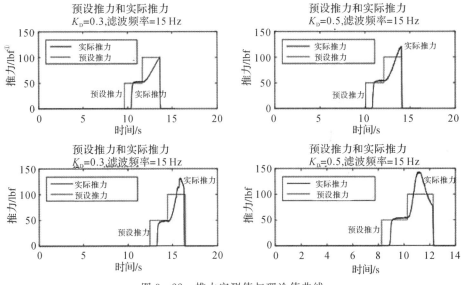

图 3-22 推力实测值与理论值曲线

日本九州大学的 Shohei Saig 等提出在混合发动机尾部增加氧化剂反向旋流喷注系统,研究了固液混合发动机的内弹道性能,并成功进行了飞行试验。Shohei Saig 等设计了一套基于 PLC 的闭环控制系统,如图 3-23 所示。PLC 采集压强传感器的反馈信号,进行 PID 运算,输出相应的电信号,控制发动机尾部氧化剂喷注阀门的开度,在保证推进剂 O/F 不变的前提下,可实现对尾部反向旋流氧化剂质量流率的控制。

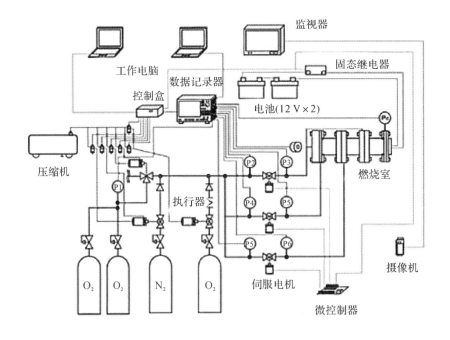

图 3-23 基于 PLC 的氧化剂流量调节系统图

---

①1 lbf=4.45 N。

混合发动机三维图如图 3 - 24 所示。研究结果表明,在保证相同的 O/F 下,通过在尾部增加反向旋流氧化剂,可以提高燃烧效率,从而实现推力控制,其最大燃烧效率取决于总的氧化剂质量流率。在飞行试验中,其推力可以实现 159~278 N 的连续控制。压强和推力-时间曲线如图 3 - 25 所示。

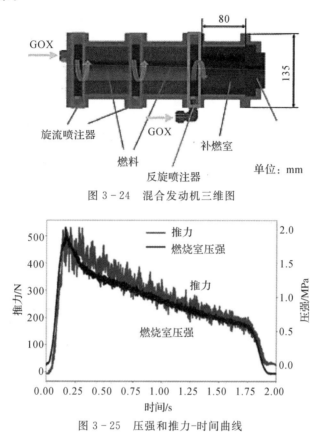

图 3 - 24　混合发动机三维图

图 3 - 25　压强和推力-时间曲线

3.5.3　基于并联平行氧化剂供给管路的变推力调节

基于可调气蚀文氏管和 PID 算法的推力调节方法控制系统复杂、精度要求高、成本高,而在地面试车实验时,为了验证固液混合发动机的变推力性能,可采取并联平行氧化剂供给管路的方法,利用电磁阀控制管路通断,同时在管路安装不同孔径的节流孔板,采取不同的组合方式,实现氧化剂质量流率的改变,从而实现对混合发动机推力的调节。这种方式系统简单、操作简便、成本低廉,易于进行地面试车试验以验证固液混合发动机的变推力性能。

Yuji SAITO 等采用如图 3 - 26 所示的氧化剂流量控制系统,其设有 3 条并联氧化剂供给管路,带有电磁阀、针阀和单向阀,分别用于氧化剂通断控制,氧化剂流量控制和防止气体回流。氧化剂流动时间和组合方式由 LabVIEW7 程序控制。实验采用固化树脂为燃料、氧化剂为 GOX 的固液混合发动机,研究在不同的氧化剂质量流率下的燃烧室压强。实验结果如图 3 - 27 所示。结果表明:流量控制系统均可以有效实现对氧化剂流量的调节,燃烧室压强与氧化剂质量流率变化趋势一致,且实现了发动机压强的稳定可控,但燃烧室压强较低,调节范围较小。

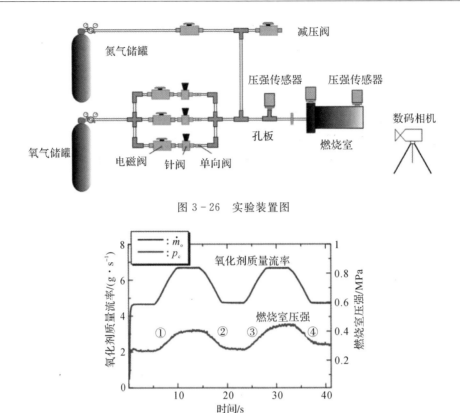

图 3-26 实验装置图

图 3-27 氧化剂流量与燃烧室压强实验曲线

3.6 固液混合火箭发动机应用方向

固液混合火箭发动机(Hybrid Rocket Motor)一般是以固体燃料和液体氧化剂作为推进剂的火箭发动机。由于氧化剂和燃料是分开贮存的,因此具有与液体火箭发动机相似的安全可靠性高、推力可调、可多次开关机等优点,同时仅需要液体氧化剂的管路系统,从而比液体火箭结构更为简单,价格也更为低廉,其潜在的应用主要包括:军用靶标、探空火箭、小型运载火箭、太空飞船、火星样品返回器上升级等。

(1)军用靶标

军用靶标在防空武器研制过程中以及部队训练和演习等方面有着不可替代的作用,对于以火箭发动机为动力源的靶标,可进行高速度、大机动、高过载飞行,能够有效地进行不同空中目标的有效模拟。由于军用靶标为一次性使用产品,且日常消耗量较大,因此希望火箭发动机的成本低,与固液混合火箭发动机的优点高度吻合。

早在 20 世纪 60 年代,美国联合技术公司(United Technologies)和比奇飞机公司(Beech Aircraft)就开展了靶弹项目"Sandpiper""HAST"和"Firebolt"的研制。Sandpiper 靶弹于 1968 年进行了 6 次飞行试验,发动机以 75% 的 N_2O_4 和 25% 的 N_2O 作为氧化剂,以 90% 的聚甲基丙烯酸酯(PMM)和 10% 的镁粉作为燃料,燃烧室直径为 0.25 m。HAST 是在 Sandpiper

的基础上发展而来的,燃烧室直径增大到了 0.33 m,从而使载荷得到提高。Firebolt 项目起始于 1980 年,其推进系统与 HAST 相似,该靶弹的模拟高度达到 30.38 km,速度达 $4Ma$,可在空中或海上回收。近年来,我国北京航空航天大学也在开展基于固液混合火箭发动机的靶标研制工作,目前已达到实际装备水平。

(2)探空火箭

探空火箭是在近地空间(30~200 km 高空)进行探测和科学试验的火箭,利用探空火箭,可以在高度方向探测大气各层结构成分和参数,研究电离层、地磁场宇宙线、太阳紫外线和 X 射线、陨尘等多种日-地物理现象,测试结果可用于天气预报、地球和天文物理研究,为弹道导弹、运载火箭、人造卫星、载人飞船等飞行器的研制提供必要的环境参数。

目前全球每年探空火箭发射量为数千枚,由于固液混合发动机具有成本低、安全可靠性高、结构简单等优势,其在世界范围内诸多型号的探空火箭中得到了广泛应用,如我国的"北航"系列控空火箭。另外,我国台湾的"成大 Ⅲ 型混合火箭"、美国的"游隼"、德国的"HEROS"、法国的"PERSEUS"、挪威的"Nucleus"皆采用含石蜡燃料固液混合发动机,显示出该类发动机的良好应用前景。

"北航 2 号"为无控气动稳定型火箭,以 N_2O 作为氧化剂,以 HTPB、Al、Mg 和碳作为固体燃料,火箭全长为 3.4 m,直径为 0.22 m,总质量为 100 kg,发动机采用不含高压气瓶的落压式氧化剂输送系统。2008 年 12 月 5 日"北航 2 号"探空火箭在我国酒泉卫星发射中心成功发射并安全回收,圆满完成了飞行试验任务,成为我国首枚采用固液混合发动机为动力、并圆满完成飞行试验的火箭飞行器。

"北航 3 号"(见图 3-28)也是无控气动稳定型火箭,全长为 5.16 m,直径为 0.3 m,总质量为 310 kg。发动机采用90% H_2O_2 作为氧化剂,以 HTPB、Al、Mg 和碳的混合物作为燃料,采用含有高压气瓶的挤压式氧化剂输送系统。2012 年 4 月 25 日"北航 3 号"探空火箭在我国西北某发射场成功发射,是我国实用型固液混合发动机的首次成功飞行试验。

图 3-28　"北航 3 号"探空火箭发射

"北航 4 号"(见图 3-29)临近空间火箭动力飞行器全长为 8.7 m,重约 1 300 kg,由固体动力助推器和固液动力巡航主级组成。固液巡航火箭发动机采用98% H_2O_2/HTPB 推进剂组合,最大推力约为 3 kN,推力调节比为 3∶1,工作时间大于 200 s。该飞行器于 2020 年 5 月 27 日完成演示验证,平飞高度为 24 km,平飞速度为 $3Ma$,飞行距离近 200 km。

图 3 - 29 发射架上的"北航 4 号"

（3）小型运载火箭

小型运载火箭是指近地轨道运载能力在 1 000 kg 以内的运载火箭,具有发射成本低、反应速度快、适应能力强等特点。近年来,随着小卫星技术、火箭设计、复合材料、电子技术以及固体推进技术的快速发展,小型运载火箭受到各国青睐,而且未来十至二十年,诸多微小卫星星座计划的逐步实施使微小卫星的发射逐年递增,这也给小型运载火箭市场提供了巨大的发展空间。据报道,2018 年全球共发射 319 颗微小卫星,而且 2018 年 114 次全球发射中 48 次含有微小卫星,市场规模近 30 亿美金。据估计,未来每年将会有 100 颗左右微小卫星的发射任务,市场规模达到 10 亿人民币量级。

固液混合发动机由于在成本和安全可靠性等方面具有显著优势,国外多所机构都在开展以固液混合发动机为动力的小型运载火箭的研制。美国 Rocket Crafters 公司完全掌握了固体燃料 3D 打印技术,成功研制出了大型固液混合发动机,并在此基础上研制了"无畏-1"(Intrepid-1)号小卫星运载火箭。法国空客防务及航天公司在欧盟 H2020 框架协议 HYPROGEO 项目中,正在研究采用新型固液混合发动机技术来大幅降低入轨成本。Gilmour 空间技术公司正在研究推力为 70 kN 的固液混合发动机,用以将 400 kg 载荷送入近地轨道,目前地面试车工作已经完成。

（4）太空飞船

建立空间站是中国载人航天"三步走"战略的最后也是最关键的一步,目前该项工作正稳步实施。空间站的常态化运行必然带来人员和货物频繁的天地往返需求,但从目前已有的运输形式上看仅有太空飞船这一种工具。自从 2011 年美国航天飞机退役后,在役太空飞船都是单次使用的,必然导致运输成本过高。

美国 SpaceDev 公司从 2004 年开始研制"追梦者"号微型航天飞机,该航天飞机分为载人和货运两个版本,可将 2～7 名宇航员/5 500 kg 货物送至国际空间站,变轨推进系统采用两台固液混合发动机。2019 年 3 月"追梦者"货运版已通过 NASA 批准投入生产,将履行 NASA 的商业补给服务 2(Commercial Resupply Services 2)合约,计划在 2020—2024 年间执行至少

6 次向空间站运送货物的任务。

　　维珍银河公司研发的"太空船一号(Space Ship One)"中包含一套以 N_2O/HTPB 作为推进剂的固液混合推进系统,于 2004 年完成第一次私人资本人类太空飞行,并获得安萨里 X 大奖(Ansari X Prize)。"太空船二号"(见图 3-30)瞄准太空旅行这一新生事物,该飞船于 2018 年底进行了第五次以固液混合发动机为动力的超声速飞行,并分别达到 90 km 海平面高度,有望近期正式投入使用。90 min 的维珍银河太空旅程定价为 25 万美元,目前来自全球 58 个国家和地区的 600 多人已经支付了部分或全部旅费。

图 3-30　太空中飞行的"太空船二号"

(5)火星样品返回器上升级

　　随着航天技术的不断发展,人类已有能力去进行深空探索,以获取外星球的奥秘。我国在 2019 年底发射了"嫦娥五号"月球探测器,并将提取的月球土壤返回地球。另外,2020 年我国发射了火星探测器,实验了火星探测的"绕""落"和"巡",火星车还采集了火星标本,并携带标本返回地球。

　　月球和火星等诸多星球由于缺少大气层,导致昼夜温差过大,如在火星两极的冬季极夜,温度低至 $-143\ ℃$;而在赤道的夏季白天温度最高可达 35 ℃,晚上温度会降至 $-73\ ℃$。对于如此大的温差及可能出现的超低温度,目前固体发动机和固体发动机所用的推进剂皆无法正常工作。由于石蜡具有极低的玻璃化转变温度,适用于极低温工作环境,目前 NASA 喷气推进实验室正在开发的基于含石蜡燃料的火星返回器上升级,计划将 5 kg 的火星样本从火星表面返回到轨道飞行器。

　　此外,欧洲在 SPARTAN 项目中正在开展混合动力发动机推进推力精确调控,为月球和火星软着陆提供支持;挪威/芬兰的 Nammo 公司正在以 H_2O_2 为氧化剂研制新型固液混合发动机,为航天器上面级提供先进动力。

第4章　粉末火箭发动机

粉末火箭发动机是一种以粉末颗粒为燃料,以粉末、气体或者液体推进剂为氧化剂的新型推进系统,它其实并不陌生,早在中国古代就以黑火药"火箭"的形式出现在人们的视野中。19世纪末到20世纪初,随着齐奥尔科夫斯基火箭理论的提出和拉瓦尔喷管的应用,现代火箭技术迅猛发展,以改良的黑火药为推进剂的粉末火箭发动机可以说是最早的火箭推进动力形式,广泛应用于反坦克火箭弹、防空火箭弹、轰炸机炸弹以及飞机起飞助推装置等方面,代表性的有康格里夫火箭和黑尔火箭等。现代火箭要求动力系统具有可控的推力性能,受限于粉末供给技术条件,粉末装药与燃烧场所无法隔离,粉末火箭较差的稳定性与安全性,使得粉末火箭技术的发展受到较大阻碍,其研究曾一度搁置。自20世纪60年代,正向位移流化床技术(Positive Displacement Fluidized Bed,PDFB)应用于火箭发动机环境中进行粉末输送,粉末储存与燃烧空间开始隔离,其在新型粉末推进系统中的应用再度被重视起来。

由于粉末推进剂在发动机中的储存形态为固体颗粒,输送状态为气固两相流体,相对于传统推进系统,粉末推进剂具有成本低廉、温度适应性强、化学稳定性好、不易泄漏、便于储存与运输以及供给流量可控等优点,新型粉末火箭发动机相应地具有结构相对简单、对环境温度不敏感等性能优势,同时又具有推力实时可调、多脉冲启动关机等功能优势,在特定组合方式下,可满足深空探测就地取材的要求,在近地空间开发以及深空探测领域具有深远的研究价值。

4.1　粉末火箭发动机工作过程

粉末推进剂相继发生着形态转化和能量转化过程,对应地可以将粉末火箭发动机的工作过程分为两部分,如图4-1所示。首先,粉末推进剂工质和流化气体转化为便于稳定输送的气固两相流体,这一过程主要发生在粉末储箱和供给管路中,表现为粉末推进剂流态化的形态转化过程;然后,推进剂的化学能转变为燃烧产物的动能,进而转变为火箭飞行的动能,这一过程主要发生在推力室中,主要表现为能量转化过程。

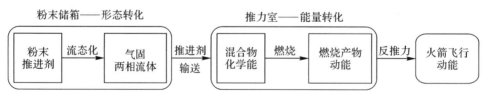

图4-1　粉末火箭发动机工作过程示意图

粉末火箭发动机所携带的推进剂主要由燃料和氧化剂组成,其中燃料一般为金属粉末颗粒,氧化剂一般为氧化剂颗粒或氧化性气体。粉末颗粒本身流动性较差,但在气体流化裹挟作用下,通过粉末储箱中特殊的流化床结构,转化为流动形态均匀、输送流率稳定的气固两相流体,并通过粉末输送管路输送至粉末燃烧系统中。由于流态化的粉末颗粒便于节流,可通过控制活塞推送速度和流化气体流率实现对粉末推进剂流率的控制与调节。

粉末推进剂以气固两相流体的形态被输送至燃烧室中点燃从而进行燃烧。气固两相燃烧伴随着复杂的相变和化学反应,通过燃烧,推进剂中蕴藏的部分化学能迅速转变为燃烧产物的热能,粉末推进剂在燃烧室内变成了高温(2 000～4 500 K)、高压(0.4～5 MPa)的燃烧产物(主要包括双原子分子和三原子分子组成的气相产物以及金属燃烬产生的凝相氧化物)。

作为推进工质的气固两相燃烧产物从燃烧室流入喷管。喷管为具有先收缩后扩张型面的流通管道,燃烧产物中的气体组分在这种喷管中迅速膨胀、加速,最终以数倍于声速的速度从喷管出口喷出。在此过程中,喷管入口燃烧产物的热能部分转化为喷管出口高速气流的动能,这种动能对火箭发动机产生的反作用力(即发动机的推力)和外界大气压合力推动火箭运动,最后转化为火箭飞行的动能。

4.2　粉末火箭发动机分类

目前,粉末火箭发动机主要有 Al/AP 粉末火箭发动机、PE/AP 粉末火箭发动机、Mg/CO_2 粉末火箭发动机、Al/LOX 粉末火箭发动机以及 Al/N_2O 粉末火箭发动机等。总体来说,粉末火箭发动机可分为两类:一类的燃料和氧化剂都是粉末颗粒;另一类的燃料为粉末颗粒、氧化剂为气体或液体。本节将以 Al/AP 粉末火箭发动机和 Mg/CO_2 粉末火箭发动机为例进行阐述。

4.2.1　Al/AP 粉末火箭发动机

Al/AP 粉末火箭发动机作为一种最典型的双组元粉末发动机,其能量特性与固体火箭发动机相当,而在储存维护性能、防泄漏、晃动泼溅以及推进剂毒性等性能和性价比方面优于液体火箭发动机。在极高或极低环境温度下,粉末发动机的使用稳定性与可靠性均优于固体火箭发动机和液体火箭发动机,能更好地满足现代化战争对导弹武器系统较为严苛的要求。

图 4-2 所示为 Al/AP 粉末火箭发动机的基本组成,主要由气源及管路系统、粉末输送系统和推力室系统构成。

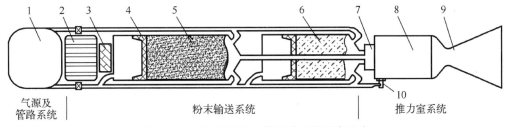

图 4-2　Al/AP 粉末火箭发动机的基本组成

1—气瓶;2—蓄电池;3—控制装置;4—活塞;5—AP 储箱;6—Al 储箱;7—粉末喷注装置;8—燃烧室;9—喷管;10—点火装置

粉末输送系统由 Al 粉输送和 AP 粉末输送分系统构成,当发动机工作时需二者协同供给,在能量管理上具有较强的灵活性;推力室系统主要由粉末喷注装置、燃烧室、喷管、点火装置构成,其内部燃烧过程属于固体燃料与固体氧化剂的燃烧,燃烧组织方式与其他类型推进系统具有显著差别。表4-1为Al/AP粉末推进剂热力计算性能数据。

表4-1 Al/AP粉末推进剂热力计算性能数据

粉末氧燃比(O/F)	特征比冲/s	特征速度/(m·s^{-1})
3.5	254	1 453
3.0	255	1 460
2.5	255	1 468
2.0	254	1 451
1.5	249	1 420
1.2	242	1 374
1.1	238	1 348
1.0	234	1 329
0.9	227	1 292
0.8	218	1 243

4.2.2 Mg/CO$_2$ 粉末火箭发动机

Mg/CO$_2$ 粉末火箭发动机是在20世纪70—80年代深空探测热潮背景下提出的,该发动机能量来源于从地球携带的 Mg 粉燃料与火星大气中 CO$_2$ 的反应,具有较强的环境适应能力,与其他推进方式相比,在火星环境下(见表4-2)工作具有较强的优势,可用于火星表面飞行器动力系统、火星表面-轨道返回动力系统以及火星车等动力系统,具有很大的应用价值和发展空间。

表4-2 火星探测任务相关参数

考虑因素	参数值
火星大气	CO$_2$(95.3%)、N$_2$(2.7%)
表面压力	7~9mbar(1mbar=0.1 kPa)
昼夜温度	−132℃(夜晚)~28℃(白昼)
表面引力	3.72 m/s^2
发射窗口	26 个月
任务周期	1.5~3 年

图4-3所示为 Mg/CO$_2$ 粉末火箭发动机的火星表面探测任务中的应用方案。燃料 Mg 粉由运载飞行器从地球携带,氧化剂 CO$_2$ 利用火星昼夜温差从火星大气收集,以液体的形式储存于空闲下的推进剂储箱中,实现推进剂材料原位资源利用和储箱再利用,并采用 Mg/CO$_2$ 推进系统作为火星表面探测及返回轨道的动力,完成火星探索任务。该方案一方面无需携带火星探测和返回动力所需的氧化剂,很大程度上提高了有效载荷的使用效率,另一方面在火星

表面利用当地条件汲取包装氧化剂,有效减少了飞行器在火星表面的额外操作,所以该方案具备很强的可行性和可操作性。

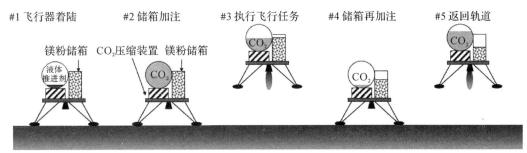

| #1 飞行器着陆 | #2 储箱加注 | #3 执行飞行任务 | #4 储箱再加注 | #5 返回轨道 |

步骤一：着陆火星，着陆发动机燃料为从地球携带的推进剂 　步骤二：氧化剂就地取材，利用昼夜温差将大气中CO₂重新加注满推进剂储箱 　步骤三：火星地表飞行，利用自带Mg粉和装载CO₂作为飞行器动力，能源使用效率得到提高 　步骤四：采样及储箱再加注，飞行器着陆预定采样点，进行土壤采样和对氧化剂储箱进行CO₂的再加注 　步骤五：返回轨道，作为返回发动机将宇航员及飞行器送入火星轨道

图 4 - 3　火星表面探测及返回火星轨道的方案

Mg/CO₂ 粉末火箭发动机的原理简图如图 4 - 4 所示,粉末火箭发动机由气体发生器、氧化剂储箱、固态粉末燃料储箱、燃料流量调节装置、粉末离散器、燃烧室及喷管等部件组成。氧化剂储箱的作用是储存 CO₂,并为燃料供应系统的粉末流化提供流化气;粉末燃料储箱及其燃料流量调节装置的作用是确保适量的粉末燃料以一定的质量流率和流动状态进入燃烧室;燃烧室的主要功能是完成燃烧过程(确保粉末燃料与氧化剂气体高效、持续反应);喷管的功能则是使高温高压燃气膨胀做功。Mg/CO₂ 粉末火箭发动机比冲性能见表4-3。

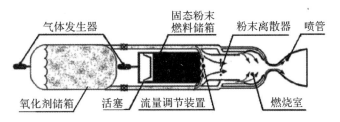

图 4 - 4　Mg/CO₂ 粉末火箭发动机原理简图

表 4 - 3　Mg/CO₂ 粉末火箭发动机比冲性能

氧燃比(O/F)	理论比冲 I_s/s	有效比冲 I_{eff}/s	燃烧温度/K
0.5	226	340	3 254
0.7	239	406	3 407
1	239	475	3 513
2	218	656	3 519
3	210	842	3 293
5	191	1 146	2 995

注:Mg/CO₂ 粉末火箭发动机以火星表面收集的 CO₂ 作为氧化剂,I_{eff} 为地球所带燃料载荷有效比冲,可按式(4-1)计算。

$$I_{\text{eff}} = I_{\text{sp}}(\text{O}/\text{F} + 1) \qquad\qquad (4-1)$$

4.3 粉末推进剂

粉末推进剂以粉末颗粒状态储存,通过流化气体的流化作用形成气固两相流体,输送至燃烧室燃烧。粉末推进剂为颗粒状态,不存在固体推进剂玻璃化和裂纹等问题,也不存在液体推进剂泄漏问题,因此可以适应极端低温条件,满足武器导弹快速响应的需求。粉末推进剂以气固两相流体供给,流量控制性能优良,可大范围流量调节和多次启动关停,以满足武器导弹灵活能量管理的需求。

4.3.1 粉末推进剂的组成及性能

粉末推进剂由粉末氧化剂、粉末燃料和流化气体三部分组成。根据应用背景的不同,粉末推进剂的分类见表 4-4。

表 4-4 粉末推进剂分类

应用背景	燃料	氧化剂	流化气体
深空探测	Mg,Al	CO_2	CO_2
导弹武器	Mg,Al,B	高氯酸钾(KP),硝酸铵(AN),高氯酸铵(AP),黑索金(RDX),奥克托金(HMX),CL-20	N_2,He,空气,CO_2,O_2,CH_4

4.3.1.1 粉末氧化剂

粉末氧化剂为金属粉末的燃烧提供所需的氧,同时由于粉末推进剂中粉末氧化剂的用量较大,其产生的气体除了为金属粉末的燃烧提供所需的氧以外,还是粉末火箭发动机重要的工质来源,所以粉末氧化剂的性能对粉末推进剂的性能有着根本影响,对粉末氧化剂的要求是:

1)含氧量高,有利于提高金属粉末燃料的燃烧完全度;

2)生成焓高,粉末氧化剂本身具有较高的热量;

3)密度大,提高发动机的体积能量密度;

4)气体生成量大,即气相燃烧产物平均分子量低,有利于提高喷管做功的能力,增加粉末推进剂比冲(气体生成量一般用 1 kg 氧化剂分解产生的气体在标准状态下所占的体积来表示);

5)物理化学稳定性好,具有较好的使用安全性;

6)经济性好,制作和使用维护成本低。

表 4-5 列出了一些备选粉末氧化剂的主要性质,由表 4-5 可以看出:高氯酸钾(KP)有着较高的有效氧含量,密度大,但是由于其燃烧生成的 KCl 是固体颗粒,因此气体生成量少,同时它的标准生成焓也较低;硝酸铵(AN)不但有着相对较高的气体生成量,而且其价格相对低廉,其燃烧产物也更加环保,但由于它的生成焓低,有效氧含量低,同时由于其晶体结构在常温下多变,故物理化学稳定性差,吸湿性也较大,这些因素都制约了实际应用;高氯酸铵(AP)是目前应用最为广泛的氧化剂,它具有气体生成量较大、生成焓大、吸湿性较小以及成本低等

优点,但其燃烧产物中的 HCl 分子量较大,与 H_2O 形成酸雾,从而具有较大的腐蚀性;高氯酸锂有很高的有效氧含量,密度也较大,但是其燃烧稳定性差、化学稳定性差、吸湿性较大,其在推进剂中的应用还不成熟。

黑索金(RDX)、奥克托金(HMX)和 CL-20 作为氧化剂,它们的性能有许多相同之处,三者均为高能的硝胺类炸药,虽然气体生成量大、无烟、不吸湿、生成焓高,但氧平衡为负值,化学稳定性较差。综上所述,高氯酸铵(AP)各项性能指标都比较均衡,是粉末推进剂动力系统发展研制初期可选择的最佳的氧化剂。

表 4-5　备选粉末氧化剂的主要性质

氧化剂	分子式	密度 $(kg \cdot m^{-3})$	有效含氧量 (%)	气体生成量 $(dm^3 \cdot kg^{-1})$	标准生成焓 $(kJ \cdot kg^{-1})$
高氯酸钾(KP)	$KClO_4$	2 520	46.2	323	-3 130.66
硝酸铵(AN)	NH_4NO_3	1 730	20.0	980	-4 568.85
高氯酸铵(AP)	NH_4ClO_4	1 950	34.0	790	-2 473.40
高氯酸锂	$LiClO_4$	2 430	60.2	437	-3 856.26
黑索金(RDX)	$C_3H_6N_6O_6$	1 818	-21.6	907	+318.0
奥克托金(HMX)	$C_4H_8N_8O_8$	1 870	-21.6	908	+252.8
CL-20	$C_6H_6N_{12}O_{12}$		-21.9	921	+948.6

4.3.1.2　粉末燃料

目前,粉末燃料主要有金属粉末(镁粉、铝粉和硼粉等)和塑料粉末(聚乙烯粉末)等。塑料粉末由于密度小、热值低,逐渐被淘汰。为了最大程度提高能量性能,粉末燃料多为金属粉末颗粒。同时,金属粉末燃料燃烧产生的金属氧化物微粒,还具有抑制振荡燃烧的作用。对金属粉末燃料的要求是:

1)燃烧热高,提高发动机能量;

2)密度大,提高发动机的体积能量密度;

3)耗氧量低,提高燃烧产物中气相组分比例;

4)燃烧性能好,易于点火、燃速快、燃烧完全度高。

可用的粉末燃料有碳、锂、铍、硼、镁、铝等,其主要性质见表 4-6。

表 4-6　一些粉末燃料的性质

名称	符号	摩尔质量 $(g \cdot mol^{-1})$	密度 $(g \cdot cm^{-3})$	燃烧热 $(kJ \cdot kg^{-1})$	耗氧量 $(g \cdot g^{-1})$	燃烧产物
碳	C	12.01	2.25	33 076	2.66	CO_2
锂	Li	6.94	0.53	42 988	1.16	Li_2O
铍	Be	9.01	1.85	64 058	1.77	BeO

续表

名称	符号	摩尔质量 （g·mol⁻¹）	密度 （g·cm⁻³）	燃烧热 （kJ·kg⁻¹）	耗氧量 （g·g⁻¹）	燃烧产物
硼	B	10.81	2.34	58 280	2.22	B_2O_3
镁	Mg	24.31	1.74	25 205	0.66	MgO
铝	Al	26.98	2.70	30 480	0.88	Al_2O_3

由表4-6可以看出：锂粉的燃烧热和耗氧量都有着较大的优势，但是其稳定性较差，同时由于锂的密度很小，将严重影响粉末推进剂的装填密度；铍有着很高的燃烧热，耗氧量也较小，但是铍粉及其燃烧产生的氧化铍都有毒，并且铍的来源也受到限制；硼粉的燃烧热也很高，并且有着较大的密度，来源也较为丰富，但是由于它在燃烧过程中生成沸点很高的B_2O_3液膜，使得内部的硼不能充分燃烧，而且作为单独的燃料在粉末发动机中应用时存在着点火能量要求高及燃烧效率低等燃烧性能问题；铝粉的耗氧量低，密度高，作为金属粉末燃料用能使粉末推进剂获得较高的比冲和密度比冲，并且原材料丰富成本低廉；镁粉的耗氧量最小，燃烧性能较好，但是其密度也相对较小。综上所述，在粉末推进剂动力系统的初期研制过程中，铝粉和镁粉是较为理想的粉末燃料。

4.3.1.3 流化气体

在粉末火箭发动机工作过程中，流化气体的作用是将粉末推进剂流态化，然后输送进燃烧室中燃烧，流化气作为粉末推进剂的组成部分，对推进剂的燃烧过程会造成影响，故进行粉末推进剂分析时不能将流化气体排除，流化气的选取及其与推进剂流量的比例匹配是一个关键问题。不同流化气体对于粉末推进剂性能的影响也不同，几种可供选择的流化气体性质见表4-7。同时流化气体量对粉末火箭发动机的性能也有着较大影响。流化气体量太小则流化能力差，会造成粉末颗粒在供给输送过程中出现脉动，导致供粉过程中阻力变大，严重时甚至造成堵塞；流化气体量太大会导致燃烧室温度降低，燃烧性能下降，甚至影响粉末推进剂的点火燃烧稳定性。既能使粉末推进剂平稳输送至燃烧室，又可以让推进剂性能不受损失，是流化气体流量选取的重要指标。

表4-7 几种可供选择的流化气体性质

气体	摩尔质量/(g·mol⁻¹)	密度/(g·L⁻¹)	液态密度/(g·L⁻¹)	比热容/(kJ·kg⁻¹·K⁻¹)
N_2	28.013	1.25	808	1.038
He	4.003	0.178 6	125.2	4.56
空气	28.963	1.293	900	1.005
CO_2	44.010	1.963 5	1 100	0.844
O_2	31.999	1.428	1 140	0.918 2
CH_4	16.043	0.715 8	420	2.224

注：表中液态气体的密度是在标准大气压强下，温度略低于气体沸点的条件下得到的。

4.3.2　粉末推进剂预处理

根据上述内容,在粉末推进剂实际应用过程中,需要满足能量高、装填密度高、可长期储存、燃烧性能优良和易于流化输送等要求。然而,原始的粉末推进剂可能无法同时满足这些要求。例如,Al/AP 粉末推进剂的高氯酸铵粉末(AP)长期与外界环境接触会导致吸湿,特别是超细高氯酸铵表现出强烈的体积效应和表面效应,粒子的表面能增强,更加容易吸湿结团。粉末推进剂装填密度与颗粒粒度级配之间存在关系,小粒度级配粉末的装填密度是最大的。同时对于金属粉末燃料来说,粒径越小则燃烧性能越好,然而小粒径(5 μm 以下)金属粉末表面能较大,颗粒黏性大,颗粒容易发生团聚,难以流化输送。

为了解决上述问题,需要对粉末推进剂进行改性处理,以提高单组分的使用性能,提高推进剂的力学性能,改善燃烧性能和推进剂工艺性能。目前对于 Al/AP 粉末推进剂,最简单直接的方法就是采用包覆团聚技术将易吸湿组分与外界环境进行物理隔离,将小粒径颗粒团聚为大颗粒,以提高装填密度和燃烧性能。

4.3.2.1　预处理材料

与固体推进剂配方类似,粉末推进剂的预处理材料主要有黏合剂、固化剂、偶联剂和化学安定剂等。预处理材料中黏合剂含量最多,固化剂、偶联剂和化学安定剂含量较少,为3%～5%。因此,预处理材料的选择过程主要为黏合剂种类的选取和黏合剂用量的确定,其余的固化剂、偶联剂和化学安定剂的种类和用量需要根据具体黏合剂和推进剂的配方进行优化。

从相容性和湿润性角度考虑,可供选取的黏合剂见表 4-8。

表 4-8　可供选取的黏结剂

添加剂	分子式	密度/$(kg \cdot m^{-3})$	相对分子质量	标准生成焓/$(kJ \cdot kg^{-1})$
HTPB	$(C_4 H_{6.052} O_{0.052})_n$	930	54.88	-315.7
GAP	$C_3 H_5 O_3 (C_3 H_4 N_3 O)_n H_3$	1 300	/	$+142.0$
NC	$[C_6 H_7 O_2 (OH)_{3-x} (ONO_2)_x]_n$	/	/	$-(1\,400 \sim 67n) \times 4.187$

由 4.2.1 可知,粉末推进剂的比冲性能和成气量决定了发动机的工作性能,预处理配方将对这些性能造成较大的影响。图 4-5 所示为 Al/AP 推进剂理论比冲与预处理材料种类和含量的关系,图 4-6 所示为 Al/AP 推进剂成气量与预处理材料种类和含量的关系。从比冲性能和成气量的角度来看,HTPB>GAP>NC。随着黏合剂用量的增加,比冲呈现先增加后减少的趋势,而成气量不断增加。综合分析图 4-5 和图 4-6 的计算结果,采用10%含量 HTPB 作为 Al/AP 推进剂包覆团聚的黏合剂比冲性能最高,成气量也较大,最为合理。

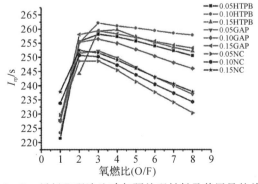

图 4-5　Al/AP 理论比冲与预处理材料及其用量的关系

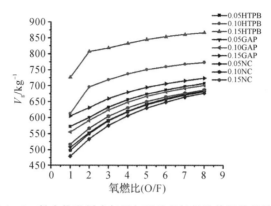

图 4-6 粉末推进剂成气量与预处理材料及其用量的关系

4.3.2.2 预处理性能

粉末推进剂预处理性能主要从微观形貌、密度、吸湿性等方面分析。

（1）微观形貌

粉末颗粒微观形貌主要通过电镜扫描方法（Scanning Electron Microscope，SEM）获得，主要表征了颗粒的球形度、黏结剂的黏结状态（均匀性和完整性等），一定程度上会影响粉末推进剂的力学性能和流化性能。

图 4-7 所示是 AP 的 SEM 照片，由图可知原料中超细 AP 晶粒外形主要为不规则的方形，颗粒上有大量棱角存在，颗粒间易形成盐桥而造成轻微的结团。

图 4-7 原料 AP 的 SEM 照片

预处理后 AP 颗粒的 SEM 照片如图 4-8 所示，其中图 4-8(a)为经过预处理的完整 AP 颗粒的 SEM 照片，图 4-8(b)为预处理后 AP 颗粒的局部表面放大 SEM 照片，可见预处理后 AP 颗粒紧密团聚，表面较为平整，而且在颗粒表面形成了一层透亮的薄膜，使放大后 AP 颗粒形态要比未处理前清晰。包覆团聚后的超细 AP 颗粒之间黏结紧密，无裂纹和孔洞等缺陷。对比预处理前后的 AP 颗粒可以看出，HTPB 包覆团聚工艺能够改善 AP 颗粒形貌，使其外形更加圆滑，这是由于 AP 与 HTPB 有一定的相容性，在处理过程中纯 AP 颗粒的棱角部分更容易与 HTPB 溶液发生相容作用。

(a)　　　　　　　　　　　　　　(b)

图 4-8　预处理后 AP 颗粒的 SEM 照片

（a）完整 AP 颗粒的 SEM 照片；（b）AP 的局部放大 SEM 照片

图 4-9 为原料 Al 粉的 SEM 照片，利用雾化法制得，由图可知作为原料用的超细 Al 粉颗粒的表面球形度很好，表面光滑。

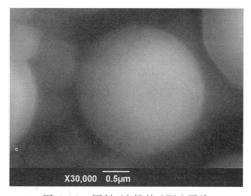

图 4-9　原料 Al 粉的 SEM 照片

团聚后 Al 颗粒的 SEM 照片如图 4-10 所示，其中图 4-10（a）为经过团聚后的完整 Al 颗粒的 SEM 照片，图 4-10（b）为团聚后 Al 颗粒的局部表面放大 SEM 照片。团聚得到的 Al 颗粒为不规则的球形，其中大粒径颗粒周围出现了一些小的空洞，而小粒径的颗粒间黏结得较为紧密。由此可知，如果利用粒度更小的超细 Al 粉进行团聚，处理后的效果会更好。

(a)　　　　　　　　　　　　　　(b)

图 4-10　团聚后 Al 颗粒的 SEM 照

（a）完整 Al 颗粒；（b）Al 颗粒局部放大

（2）密度

固体颗粒的密度分为真密度和装填密度两种。

1）真密度。真密度用来评价颗粒的疏松度，可以利用密度瓶法进行测定。密度瓶法是利用一个容积已知的密度瓶和一种密度已知的浸渍液来求已知质量的固体颗粒试样的实际体积的方法。方法是：把规定温度的浸渍液充满密度瓶，称其质量，然后，把已知质量的粉末推进剂组分试样放入该密度瓶内，排出与推进剂试样同体积的浸渍液，再称量密度瓶的质量，从而得到推进剂试样的体积为

$$V = (m_1 - m_2 + m)/\rho_t \tag{4-2}$$

推进剂试样的真密度则为

$$\rho = \frac{m\rho_t}{m_1 - m_2 + m} \tag{4-3}$$

式中：ρ 表示粉末推进剂组分试样的密度，g/cm^3；m 表示粉末推进剂组分试样的质量，g；m_1 表示充满浸渍液的密度瓶的质量，g；m_2 表示充满浸渍液和粉末推进剂组分试样的密度瓶的质量，g；ρ_t 表示浸渍液的密度，g/cm^3。

测得超细 AP 在不同预处理材料用量条件下的真密度，见表 4-9。

表 4-9 超细 AP 在不同预处理材料用量条件下的真密度

预处理用量/（%）	0	5	10	15
$\rho/(g \cdot cm^{-3})$	1.899	1.941	1.925	1.907

由表 4-9 的结果可以看出：采用 HTPB 对超细 AP 进行包覆团聚后使得 AP 颗粒的密度有所增大，但是随着 HTPB 用量的增大，处理得到的 AP 颗粒的密度有所减小。这是由于 AP 粒径较小，比表面积较大，在利用密度瓶法进行密度测定时，超细 AP 表面与浸渍液间有较大的作用力，使得密度测量偏差较大，测得的纯 AP 颗粒的密度值偏小；而 HTPB 的密度较 AP 的要小，因此随着 HTPB 用量的增大，处理得到的 AP 颗粒的密度减小。

测得超细 Al 粉在不同预处理材料用量条件下的真密度，见表 4-10。

表 4-10 超细 Al 粉在不同预处理材料用量条件下的真密度

预处理用量/（%）	0	5	10	15
$\rho/(g \cdot cm^{-3})$	2.700	2.589	2.503	2.418

由表 4-10 的结果可以看出：采用 HTPB 对超细 Al 粉进行团聚处理，使得 Al 颗粒的密度有所降低，同时由于 HTPB 的密度要比 Al 的密度小得多，随着 HTPB 用量的增大，处理得到的 Al 颗粒的密度有所减小。

2）装填密度。装填密度即粉体质量与堆积体积的商，堆积体积指粉体自身体积加上相互之间由于堆积过程产生的空隙体积之和。粉末推进剂的装填密度是粉末颗粒在储箱中经过振实处理后的装填密度，采用振实密度测量方法，利用振实密度测定装置进行测定。

该测定装置由盛物容器（量筒）和振动台两部分组成。使用振实台将容器中定量的粉末颗粒振实，直到粉末颗粒的体积不再减少为止。粉末的质量除以体积，得到的就是振实密度。为了保持粉末推进剂试样和测定装置的温度恒定，该试验应在（20±0.5）℃的恒温室内进行。

粉末推进剂装填密度按下式计算：

$$\rho_t = m/v \tag{4-4}$$

式中：ρ_t 表示粉末推进剂试样的装填密度，g/cm^3；m 表示粉末推进剂试样的质量，g；v 表示振实后试样的体积，cm^3。

测试结果见表 4 - 11 和表 4 - 12。

表 4 - 11　不同预处理得到相同粒径 AP 颗粒的装填密度

预处理用量/(%)	5	10	15
$\rho_t/(g \cdot cm^{-3})$	0.916	0.950	1.002

表 4 - 12　不同预处理得到相同粒径 Al 颗粒的装填密度

预处理用量/(%)	5	10	15
$\rho_t/(g \cdot cm^{-3})$	1.291	1.255	1.227

由表 4 - 11 可知，经过 HTPB 包覆处理得到的相同粒径的 AP 颗粒的装填密度随包覆量的增加而增加。这是因为超细 AP 颗粒在经过 HTPB 的包覆处理过程中，单个颗粒的球形度得到改善，随着包覆材料用量的增加，处理后得到的 AP 颗粒中的单个超细 AP 颗粒之间结合得更加紧密，并且团聚处理后超细 AP 颗粒的间隙进一步降低，在一定范围内随着 HTPB 用量的增加，AP 颗粒的装填密度也会有所增大。

由表 4 - 12 可知，经过 HTPB 包覆处理得到的相同粒径的 Al 颗粒的装填密度随包覆量的增加而减小。这是由于对超细 Al 粉的处理仅仅是利用了 HTPB 的黏结特性，随着 HTPB 用量的增大，对 Al 颗粒密度的降低作用较 AP 颗粒的更明显。在对粉末推进剂的装填密度进行测定时发现：经过预处理后粉末推进剂的装填密度不仅与预处理材料 HTPB 的用量有关，还与团聚造粒得到的颗粒粒径有直接关系。

由表 4 - 13 和表 4 - 14 可知，采用相同的包覆材料用量处理得到的粉末推进剂的装填密度也是有差别的。随着粉末推进剂颗粒粒径从小到大变化，其装填密度的变化是先随之增大然后再随之减小，存在一个合适的颗粒粒径使其装填密度达到最大。对于本试验结果来说，使得粉末推进剂颗粒装填密度达到最大的团聚颗粒粒径在 $100~\mu m$ 左右。

表 4 - 13　10% 用量处理得到的不同粒径 AP 颗粒的装填密度

粒径/μm	小于 74	74～105	105～140	140～190
$\rho_t/g \cdot cm^{-3})$	0.917	1.034	0.950	0.931

表 4 - 14　10% 用量处理得到的不同粒径 Al 颗粒的装填密度

粒径/μm	小于 74	74～105	105～140	140～190
$\rho_t/(g \cdot cm^{-3})$	1.206	1.261	1.249	1.247

（3）吸湿性

粉末推进剂中的吸湿性主要表现为其中氧化剂的吸湿作用。吸湿性的测试方法按其定义是把测试样品放在相对湿度为 90% 的环境中让其充分吸收水分，直到测试样品所含水分达到平衡，然后按照样品初始质量和充分吸收水分后的质量，按公式计算被测样品的吸湿性。

$$W_{p,c} = \frac{G_1 - G}{G} \times 100\% + B \tag{4-5}$$

式中：$W_{p,c}$ 表示样品的吸湿性，%；G 表示样品的原始质量，g；G_1 表示样品充分吸收水分后的质量,g;B 表示样品原始含水百分比,%,认为经过干燥处理后的推进剂试样的原始含水量为 0%。

选取相同粒径的纯 AP 与不同包覆量处理得到的 AP 颗粒,在其他条件相同的情况下测定 AP 颗粒的吸湿性,测试结果见表 4-15。

由表 4-15 中的数据可以看出,经包覆团聚处理后的 AP 颗粒的吸湿性明显要比未经过处理的 AP 颗粒的吸湿性要低,而且随着包覆量的增加吸湿性逐渐减小。当包覆量增加到一定值后,包覆材料已经能够对 AP 颗粒均匀包覆,所以之后再增加包覆量对吸湿性的改善已经非常有限了。

表 4-15　同一粒径条件下 AP 颗粒处理前后的吸湿性

组分	$W_{p,c}/(\%)$			
	0.5 天	1 天	2 天	4 天
100%AP	1.76	2.89	3.03	3.24
95%AP+ 5%HTPB	1.14	1.46	1.69	1.84
90%AP +10% HTPB	1.01	1.15	1.33	1.42
85%AP +15% HTPB	0.89	1.06	1.25	1.38

4.4　粉末推进剂供给系统

粉末推进剂供给系统是粉末发动机的核心部件,其粉末推进剂输送稳定性和颗粒流量调节特性直接影响颗粒燃料的点火和燃烧性能,进而影响发动机多脉冲启动和推力调节等功能。由于粉末推进剂为离散型颗粒,无法像气体或液体等连续性介质般流动,必须借助外力进行输送,加上颗粒运动体系自身的复杂性以及发动机工作状态的多变性(过载、多姿态等),致使粉末推进剂稳定输送及其流量调节变得尤为困难。在粉末推进剂供给系统设计中,为解决上述问题并实现系统轻量化的设计目标,粉末供给常采用气力输送形式,但在系统结构设计方面,因适用的粉末发动机类型不同而存在较大差异,虽然如此,其工作原理和气固两相流动基本大同小异。

4.4.1　系统组成与工作原理

粉末推进剂供给系统示意如图 4-11 所示,粉末推进剂供给为活塞推动气流夹带式,系统主要由粉末储箱、活塞、驱动流化气路、位移传感器和球阀等部件组成。具体工作过程为:工作时同时开启流化气和驱动气阀门,粉末储箱内颗粒在气体作用下进行流化并在储箱收敛处形成具有一定速度的气固两相流进入输送管道,由于粉末输出会造成粉箱流化区域形成空腔,此时活塞在驱动气作用下向前推动粉末运动,将流化空腔填满,形成粉末的动态稳定供给。通过调节流化气和活塞运动速度,即可实现对粉末流量的调节。

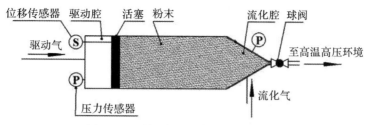

图 4 - 11　粉末推进剂供给系统示意图

4.4.2　活塞运动速度调节

在粉末推进剂供给系统中,活塞的作用在于推动粉末以填补粉末流化空腔,当活塞的速度过大时,容易挤压粉末从而破坏粉末的正常流化输送,而当其速度过小时,流化空腔的出现会导致粉末输送极不稳定。因此,需要系统协调活塞运动与粉末流化输送量之间的关系,其中的关键在于明确活塞运动速度与驱动气量之间的关系。

气压驱动活塞运动过程中的受力原理如图 4 - 12 所示,活塞在轴向方向主要受三个力作用,分别为:驱动气压强 p_a,流化气压强 p_f 以及活塞与壁面的摩擦阻力 f。

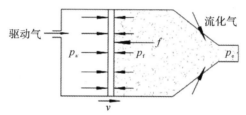

图 4 - 12　活塞移动过程中受力原理

根据牛顿第二定律,活塞向前匀速运动过程中的受力关系为

$$p_a A = p_f A + f \tag{4-6}$$

对于式(4-6)中关系是否成立,进行如下分析研究:

设活塞经过时间 t 以后其位移量为 x,根据驱动气进气量和活塞左侧密闭空腔内气体质量守恒原则,有

$$\dot{m}_a t = \rho_a x A \tag{4-7}$$

式中:$\dot{m}_a$ 为驱动气质量流量;ρ_a 表示活塞驱动侧气体密度;A 为活塞截面积。

将式(4-7)两侧对时间 t 微分可得

$$\frac{\mathrm{d}\dot{m}_a t}{\mathrm{d}t} = \frac{\mathrm{d}\rho_a x A}{\mathrm{d}t} \tag{4-8}$$

假设在活塞移动过程中驱动气的温度不变,则根据式(4-8)与气体状态方程 $\rho RT = PM$,可知活塞左侧密闭空腔内气体密度与压强呈线性正比关系,即

$$\dot{m}_a \propto \frac{\mathrm{d}p_a x}{\mathrm{d}t} \tag{4-9}$$

可见,驱动气质量流率 $\dot{m}_a$ 与驱动压强和活塞位移的乘积 $p_a x$ 对时间的变量呈线性正比关系,若 $p_a x$ 中 p_a 为常数,$\dot{m}_a$ 就只与 $\mathrm{d}x/\mathrm{d}t$ 有关系,而 $\mathrm{d}x/\mathrm{d}t$ 就是活塞的速度,故在压强恒定条件下,通过调节驱动气进气流量就能实现对活塞运动的调节。

4.4.3　粉末流量调节

粉末火箭发动机通过气压驱动活塞和气体流化粉末输送方式实现粉末推进剂向燃烧室的供给。目前通过理论计算和实验研究,在背压稳定的情况下,可以保证气压驱动活塞以恒定速度推动粉腔内粉末移动,从而实现粉末推进剂的稳定供给。当发动机推力变化时,粉末供应系统能确保粉末流率的安全和快速转调,是粉末火箭发动机在实际应用过程中不可或缺的一项功能。粉末质量流率可以通过改变驱动、流化进气量或粉箱出口处限流孔板流通面积大小的方式进行调节,分别对应粉末推进剂非壅塞式供给流量调节和壅塞式供给流量调节,下面将分别介绍这两种流量调节方式。

4.4.3.1　非壅塞式供给流量调节

粉末推进剂采用非壅塞式供给时,流化腔与燃烧室压差值较小,当发动机作推力调节时,流化腔压力会随燃烧室压力的变化而改变,从而驱动腔压力也须作相应调节。又由于粉末推进剂质量流率受驱动与流化气量影响较大,因此,在该种供给状态下,需要通过改变驱动与流化气量以实现推力调节。粉末流量调节过程如图 4-13 所示。

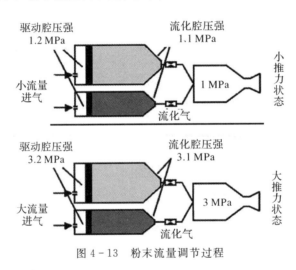

图 4-13　粉末流量调节过程

当由小推力转调为大推力时,需同时增大驱动腔与流化腔的进气量,从而使得驱动腔与流化腔内的压力随着燃烧室压力的增加也迅速增加,防止火焰回传导致推进剂储箱发生爆炸。同时应该注意调整好驱动腔与流化腔之间进气量的匹配关系,防止出现流化腔压力增长过快进而导致活塞后退或者驱动腔压力增长过快导致粉末推进剂被压实等不利情况的出现。

4.4.3.2　壅塞式供给流量调节

粉末推进剂采用壅塞式供给时,流化腔与燃烧室压差值较大,当发动机作推力调节时,流化腔压力几乎不受燃烧室压力变化影响。在该供给方式下,在小推力与大推力工作状态,驱动腔与流化腔压力可几乎保持为恒定值,主要通过改变粉箱出口处限流孔板流通面积的大小来调节粉末推进剂质量流率。

基于壅塞式粉末供应系统,在发动机推力转调过程中,使用稳压气源保持粉末储箱驱动流化压力的稳定,通过对活塞前后压差的精确控制,防止粉体压实导致流化性质的改变。不同推力状态下粉末节流通道处气固两相流动状态均为壅塞状态,如图 4 - 14 和图 4 - 15 所示。

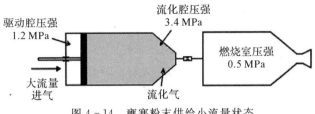

图 4 - 14　壅塞粉末供给小流量状态

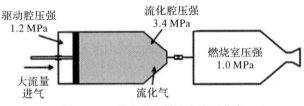

图 4 - 15　壅塞粉末供给大流量状态

4.5　液体 CO_2 供给系统

Mg/CO_2 粉末火箭发动机是以金属 Mg 粉为燃料,液体 CO_2 为氧化剂的新型发动机,旨在为火星探测提供动力。Mg/CO_2 粉末火箭发动机的供给系统与 Al/AP 粉末火箭发动机存在类似的部分,即 Mg 粉的供应系统与 Al 粉和 AP 粉末的供应系统类似,其区别主要在于液体 CO_2 的供给。因此本节对粉末供应系统部分不再重复讲述,着重介绍液体 CO_2 供给系统。

4.5.1　挤压式液体 CO_2 供给系统工作原理

推进剂供给系统的功能是将储箱中的推进剂按照要求的流量和压力输送到燃烧室中。液体推进剂供给系统一般分为两大类:挤压式供给系统和泵压式供给系统,两者各有优缺点,见表 4 - 16。选择供给系统时,主要从发动机推力、工作时间和总冲量等方面进行考虑。推力、工作时间和总冲量较小时一般选用挤压式供给系统,推力、工作时间和总冲量较大时一般选用泵压式供给系统。挤压式供给系统的推力范围一般为 $1 \sim 10^5$ N,泵压式供给系统的推力范围一般为 $7 \sim 40$ MN。

表 4 - 16　挤压式供给系统和泵压式供给系统的优缺点

优缺点	挤压式供给系统	泵压式供给系统
优点	结构简单; 总冲量不大时,具有较小的结构质量和尺寸; 容易实现多次起动; 供给压力比较稳定	储箱压力低,储箱及增压系统质量轻,尺寸小; 发动机质量几乎与工作时间长短无关; 燃烧室压力高,因而比冲高; 涡轮排气可用来控制运载火箭姿态
缺点	总冲量大时,储箱及增压系统的结构质量和尺寸大; 燃烧室压力低,因而比冲低	结构复杂; 不易实现多次起动

由于火星探测用 Mg/CO_2 粉末火箭发动机燃烧室压力的设计值较低(一般不超过 3 MPa),因此两种供给系统均具有可行性。对于地面返回任务,发动机的推力大,工作时间长而且一般不需要多次起动,可以选用泵压式系统供给液体 CO_2;对于火星表面探测任务,发动机推力相对较小,工作时间较短并且需要多次起动,应该选用挤压式系统供给液体 CO_2。由于前期主要研究火星探测用 Mg/CO_2 粉末火箭发动机的可行性,推力一般较小,为几百到几千牛,工作时间较短,因此,本节只讨论挤压式液体 CO_2 供给系统。

4.5.1.1 工作过程

图 4-16 所示为挤压式液体 CO_2 供给系统,它主要包括高压氮气瓶、挤压气路、液体 CO_2 储箱、节流孔板、球阀、喷嘴、背压模拟装置和相应的阀门和传感器。挤压式液体 CO_2 供给系统工作过程为:首先,高压氮气经减压阀和挤压气路,按一定的压力流入储箱的挤压腔,驱动活塞挤压事先加注好的液体 CO_2;然后,在活塞的挤压作用下,液体 CO_2 从储箱流出,经供给管路、节流孔板和喷嘴喷入一定压力的背压模拟装置或燃烧室环境中。

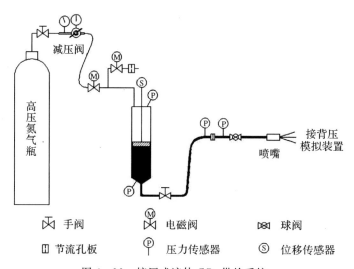

图 4-16 挤压式液体 CO_2 供给系统

4.5.1.2 CO_2 的物理性质

如图 4-17 所示,自然界中 CO_2 存在三种相态——气相、液相和固相。其中,三相呈平衡态共存的点叫三相点。液气两相呈平衡状态共存的极限点叫临界点。CO_2 的三相点温度 T_{tri} 约为 213.55 K($-60℃$),三相点压力 p_{tri} 为 5.18 bar;CO_2 的临界点温度 T_c 约为 304.15 K($31℃$),临界点压力 p_c 为 73.75 bar。在一个大气压下,CO_2 的升华点约为 194.65 K($-78.5℃$)。

在不加压的条件下,CO_2 往往以气液共存的状态存储,即储存容器中的压力等于该温度下的饱和蒸气压。不同温度下 CO_2 的饱和蒸气压见表 4-17。

表 4-17　不同温度下 CO_2 的饱和蒸气压

温度/℃	饱和蒸气压/bar	温度/℃	饱和蒸气压/bar
-59.6	5.18	-10	26.494
-55	5.551	-5	30.463
-50	6.957	0	33.940

续表

温度/℃	饱和蒸气压/bar	温度/℃	饱和蒸气压/bar
−45	8.333	5	39.691
−40	10.059	10	45.014
−35	12.038	15	50.857
−30	14.289	20	57.274
−25	16.839	25	64.328
−20	19.706	30	72.109
−15	22.917	31	73.75

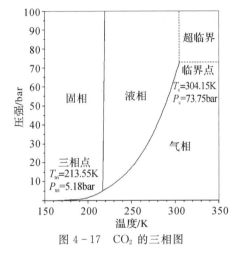

图 4 - 17　CO_2 的三相图

由表 4 - 17 可知，CO_2 的饱和蒸气压随温度变化十分明显，而且变化速率越来越快，在临界温度 30 ℃附近变化速率可达 1.56 bar/℃。在液体推进剂供给过程中，获取液体的密度、黏度和比热容等参数是至关重要的。如图 4 - 18 所示，液体 CO_2 的密度随温度的升高而减小，并且在 25 ℃之后急剧减小；如图 4 - 19 所示，液体 CO_2 的动力黏度随温度的升高而减小，接近临界温度时，黏度与气体相近；如图 4 - 20 所示，液体 CO_2 的定压比热容随着温度的升高而增大，在接近临界温度附近急剧增大。

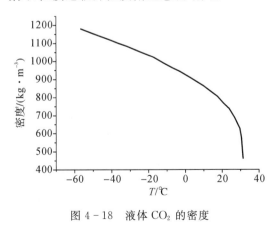

图 4 - 18　液体 CO_2 的密度

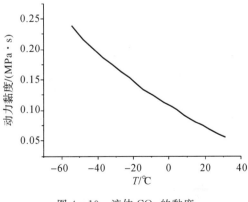

图 4 - 19　液体 CO_2 的黏度

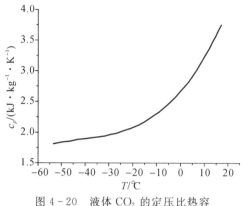

图 4 - 20　液体 CO_2 的定压比热容

由上述分析可知,接近临界温度时,液体 CO_2 的饱和蒸气压、密度和定压比热容等性质发生了急剧的变化,可能对液体 CO_2 的供给压力和流量的稳定性造成不利影响。因此,当环境温度接近临界温度时,需要对供给系统进行温度控制,使工作温度在低于临界温度一定的范围内变化。

4.5.2　液体 CO_2 喷注雾化特性

在发动机燃烧室中,液体推进剂需要经过雾化、蒸发和混合等一系列过程,才能发生快速高效的燃烧化学反应。通过将液体推进剂雾化成细小液滴,可以成百上千倍地增大液体推进剂的蒸发表面积,从而可以提高推进剂的蒸发速率、加速燃烧过程、提高燃烧效率以及缩短燃烧室长度和结构质量。因此,雾化性能对燃烧室结构优化和工作性能提升都具有至关重要的作用。

4.5.2.1　撞击式液体 CO_2 喷注雾化特性

在 Mg/液体 CO_2 粉末火箭发动机中,液体 CO_2 一般是以液态的形式储存在储箱中的,以气液两相的方式喷入燃烧室,发动机的液体 CO_2 喷嘴属于两相流喷嘴,而且在背压较低时,液体 CO_2 会迅速蒸发,极大地影响了液体 CO_2 的喷注雾化性能。在 2 MPa 背压下,90°撞击式雾化过程如图 4 - 21 所示。

如图 4 - 21 所示,液体 CO_2 的撞击雾化与水的撞击雾化特性有着明显的不同。由于实验中喷注背压低于 CO_2 的饱和蒸气压,CO_2 在撞击雾化过程中会蒸发变成气体。因此,液体 CO_2 撞击雾化无法形成有明显分界面的液膜,大部分液体 CO_2 会形成烟雾状并最终以 CO_2 气体形式蒸发,通过高速摄影只能在喷雾场中观察到少量的液滴。

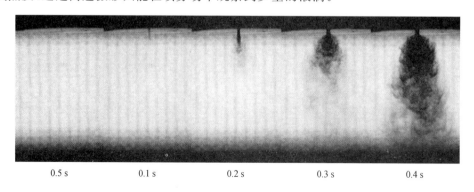

| 0.5 s | 0.1 s | 0.2 s | 0.3 s | 0.4 s |

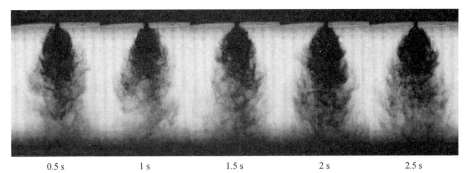

0.5 s　　　　1 s　　　　1.5 s　　　　2 s　　　　2.5 s

图 4 - 21　CO_2 撞击雾化形成过程(背压为 2 MPa)

如图 4 - 22 所示,液体 CO_2 撞击雾化形成的雾化场主要由核心区、须状区和蒸发雾化区组成。核心区中液体 CO_2 的分布浓度很大,与射流的浓度相近。须状区由核心区生成,是像浓密的"根须"一样向四周扩展而形成的区域。蒸发雾化区由须状区发展而成,液体 CO_2 像烟雾一般,在向下游扩散的过程中发生蒸发和雾化。

由实验拍摄的录像可以看出,蒸发过程可以认为最早发生在须状区,并在蒸发雾化区完成;雾化液滴最早出现于须状区下游,主要分布于蒸发雾化区。尺寸较小的须状结构会完全蒸发而消失,尺寸较大的须状结构如液雾云团一般散开,形成一组分散的小液滴。由于雾化液滴一般最早出现于须状区下游,因此须状区尺寸将对掺混布局、燃烧组织和燃烧室结构设计有重要影响。须状区尺寸主要包括须状区宽度和长度,也在图 4 - 22 中标出。

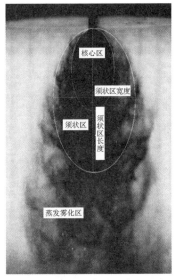

图 4 - 22　核心区域基本参数示意图

4.5.2.2　液体 CO_2 撞击雾化特性的影响规律

液体 CO_2 撞击雾化特性主要受撞击角度、喷注背压和喷注速度影响,接下来将分别介绍这三个因素对液体 CO_2 雾化性能的影响。

(1)撞击角度对液体 CO_2 喷注雾化特性的影响

在不同撞击角度条件下的液体 CO_2 雾化图像如图 4 - 23 所示,三个工况的喷注背压均为 2 MPa。撞击角度为 0°时,两股射流不发生撞击,射流从喷嘴射出一定距离后直径开始变大,并出现了须状结构。这些须状结构实质上是由大量液滴组成的液滴云团,随着须状结构的湍动,液滴云团会逐渐弥散开并形成细小的液滴。撞击角度为 60°和 90°的两个工况的喷雾场基本相似,两股射流撞击之后形成核心区域,继而向四周辐射形成须状结构,最终以液滴云团的形式向下游飘散。大部分液体 CO_2 蒸发而消失,较少部分会散开形成细小的液滴。

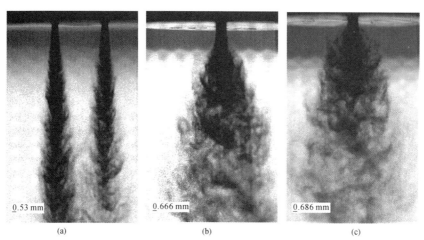

图 4 - 23　不同撞击角度下液体 CO_2 的喷雾图像(2 MPa)

(a)0°(不撞击);(b)60°;(c)90°

撞击角为 0°、60°和 90°条件下须状区的宽度和长度见表 4 - 18。相比 60°撞击式喷注,90°撞击式喷注形成的须状区宽度和长度均较大,但相差较小。

表 4 - 18　撞击角度对须状区尺寸的影响

工况	撞击角度/(°)	须状区宽度/mm	须状区长度/mm
#1	0	3.82(单股射流)	>40(射流长度)
#2	60	10.67	26.31
#3	90	15.99	31.67

图 4 - 24 所示为不同撞击角度条件下平均粒径在竖直和水平方向上的分布。坐标系原点取在喷嘴出口的中心位置。其中,每一个点代表在以这一点的横坐标或纵坐标为中心的长度为 1 mm 的区间内的平均粒径。例如,某一点的纵坐标 $y=6.5$ mm,则其粒径表示为纵坐标在 [6 mm,7 mm] 的区间内的所有粒径的平均值,对于横坐标亦然。

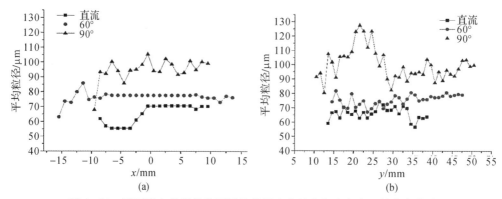

图 4 - 24　不同撞击角度条件下平均粒径在水平和竖直方向上的分布曲线

(a)水平方向;(b)竖直方向

由图 4 - 24 可知,撞击角为 0°时的平均液滴直径大约为 65 μm,60°撞击式喷注的平均液滴直径大约为 75 μm,90°撞击式喷注的平均液滴直径大约为 90 μm。撞击角度越大,平均液滴直径越大。

(2)喷注背压对液体 CO_2 撞击雾化特性的影响

图 4 - 25 所示为不同背压下须状区宽度和长度变化曲线。由图 4 - 25 可知,在 0.1~2 MPa 范围内,随着喷注背压的升高,须状区的宽度和长度均增加。3 MPa 背压时须状区的尺寸急剧减小。2 MPa 时须状区的宽度为 15.98 mm,长度为 30.58 mm。

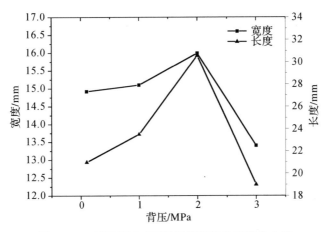

图 4 - 25　不同背压对须状区宽度和长度变化曲线

图 4 - 26 所示为不同背压下液滴平均直径随水平位置 x 和竖直位置 y 的变化曲线。由于背压为 0.1 MPa 和 1 MPa 时,喷雾场中没有液滴,因此图中没有对应的曲线。从 x 方向上看,平均粒径均随 x 变化不大,对称性较好。2 MPa 和 3 MPa 下平均粒径的分布范围分别为 80~105.4 μm 和 168.5~261.3 μm。从 y 方向上看,平均粒径随 y 的变化曲线呈 M 形,而且后面的峰值粒径大小一般比前一个要小,可能与液体 CO_2 的蒸发和液滴的二次破碎有关。

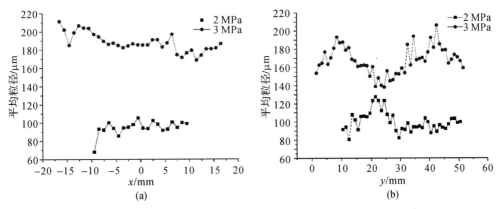

图 4 - 26　不同背压下液滴平均直径随水平位置 x 和竖直位置 y 的变化曲线

(a)水平位置 x;(b)竖直位置 y

(3)喷注速度对液体 CO_2 撞击雾化特性的影响

图 4-27 所示为不同喷注速度下须状区宽度和长度变化曲线。由图 4-27 可知，须状区的宽度和长度随喷注速度的增加而呈现增加的趋势。射流速度越大，核心区向四周扩散的速度也就越大，因而形成须状区的尺寸也就越大，这一规律与水的撞击雾化特性相近。

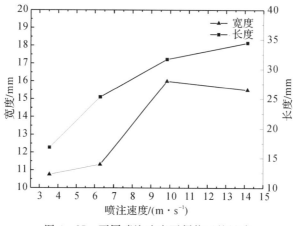

图 4-27 不同喷注速度下须状区的尺寸

图 4-28 为不同喷注速度下液滴平均直径随水平位置 x 和竖直位置 y 的变化曲线。工况 ♯7、♯3、♯8 和 ♯9 的喷嘴孔径依次增大，喷注速度依次为 14.2、10、6.4 和 3.5 m/s。从 x 方向上看，粒径变化趋势较小，反应了整个喷雾场粒径水平。由图 4-28(b) 可知，喷注速度为 14.2 m/s 时，平均粒径分布范围为 84.7～89.3 μm，喷注速度为 10 m/s 时，平均粒径分布范围为 80～105.4 μm，喷注速度为 6.4 m/s 时，平均粒径分布范围为 86.6～115.2 μm，喷注速度为 3.5 m/s 时，平均粒径分布范围为 100.7～118.3 μm。喷注孔径越小，喷注速度越大，平均粒径越小。

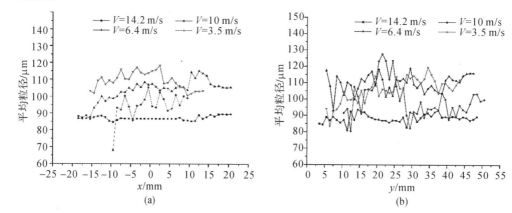

图 4-28 不同喷嘴速度下液滴平均直径随水平位置 x 和竖直位置 y 的变化曲线
(a)水平位置 x；(b)竖直位置 y

4.6 推 力 室

推力室是粉末火箭发动机产生推力的组件，是发动机最重要的组成部分之一。推力室主要由喷注器、燃烧室和喷管组成。三者在结构上相互连接，在工作过程上相互影响，形成一个有机的整体。在粉末发动机中,粉末推进剂与其他类型推进剂通过喷注器以一定的流量和速度喷入燃烧室,在燃烧室内离散、掺混、点火和燃烧,形成高温高压燃气。随后,燃气在喷管内加速膨胀,由喷管出口高速喷出并产生推力。由于粉末火箭发动机的燃料一般选用热值较高的金属粉末颗粒,其推力室工作过程与金属粉末颗粒的点火燃烧特性有极大的关联,因此,喷注、掺混、点火、稳定燃烧和喷管流动过程都与固体和液体火箭发动机存在较大的差异。

本节首先阐述推力室的工作过程,然后深入地介绍喷注器、燃烧室和喷管的工作过程和工作原理,最后简单介绍推力室的性能参数和结构参数的初步计算方法。由于当前粉末火箭发动机主要有 Al/AP 粉末火箭发动机和 Mg/CO₂ 粉末火箭发动机两种类型,因此本章内容主要围绕这两类发动机的推力室展开。

4.6.1　推力室工作过程

图 4 - 29 所示为粉末颗粒在推力室内的燃烧过程。粉末推进剂组元在进入燃烧室后的物理和化学过程可以大致分为三个区域。区域 Ⅰ 为颗粒的预热区,颗粒进入该区域时尚处于未燃烧状态,颗粒粒径基本保持恒定。随着粉末颗粒离散过程的进行,颗粒形态推进剂与其他推进剂逐渐掺混,随着颗粒温度逐渐升高,部分颗粒开始发生缓慢的表面反应以及蒸发,尽管化学反应过程已经开始出现,但总体来看,颗粒群总体温度相对较低,化学反应速率亦较低;区域 Ⅱ 为颗粒的着火区,随着颗粒蒸发量和离散程度的继续增大,颗粒开始剧烈燃烧,随着温度的上升,颗粒的蒸发量显著增加,该过程反过来又对推进剂掺混过程起到显著的促进作用,该区域存在较大的温度梯度和气相推进剂组分浓度梯度,形成稳定的气固两相火焰。由于颗粒的蒸发燃烧与表面异相燃烧完全启动,颗粒与流场温度骤升,随着大量燃烧产物的产生,横向浓度梯度和流动强度都较大,推进剂工质体积成百倍增加,形成强烈的横向流动与纵向流动加速;区域 Ⅲ 属于推进剂的管流燃烧区,这一区域会一直延伸到燃烧室与喷管的流动分界截面,随着燃烧过程的进行,横向浓度梯度和流动强度梯度逐渐减小,横向流动不再显著,颗粒的蒸气燃烧和表面反应是推力室燃烧过程推进的主要动力,燃烧产物的扩散主要源于湍流的混合作用,部分颗粒燃烧产物附着于原始颗粒表面,颗粒周围氧化剂浓度逐渐降低,这使得颗粒燃速大大降低,燃烧效率的提升随着颗粒流动距离的增加已经不再明显。

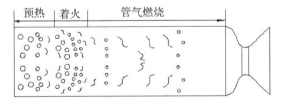

图 4 - 29　颗粒在推力室中的燃烧进程

4.6.1.1　Al/AP 粉末火箭发动机推力室工作过程

Al/AP 粉末火箭发动机的氧化剂和燃料分别为高氯酸铵(AP)粉末颗粒和金属 Al 颗粒,此外,粉末颗粒还需要少量的流化气将其裹挟进入发动机燃烧室。因此,推进剂是以气固两相流的形式喷入并掺混的,进而发生预热、蒸发、点火、燃烧和两相流动等一系列子过程,各子过程的相互关系如图 4 - 30 所示。

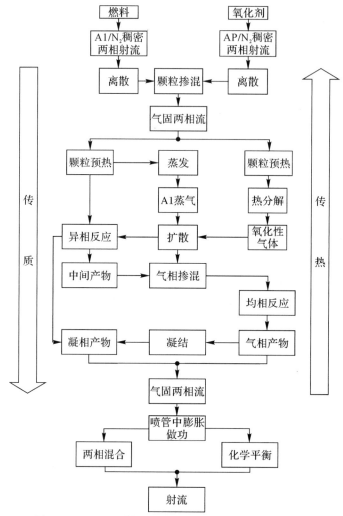

图 4-30 Al/AP 粉末火箭推力室稳态工作过程示意图

  Al 颗粒和 AP 颗粒经喷注器以稠密气固两相流的形式,按一定的速度喷入燃烧室。由于气体与颗粒的相互作用和颗粒间相互作用,稠密气固两相流中的颗粒逐渐离散开,并在预定的喷注方式下完成颗粒掺混,形成混合程度较好的气固两相流。当流体流经点火器产生的局部高温区时,Al 颗粒和 AP 颗粒逐渐被加热。AP 颗粒率先发生热分解反应,产生大量的氧化性气体并释放出大量热量;在颗粒预热初期,Al 颗粒在高温的氧化性气体中,温度逐渐升高并开始熔化,颗粒表面发生异相反应并产生中间产物;当 Al 颗粒温度上升至接近沸点时,颗粒蒸发现象加剧,产生大量的 Al 蒸气,与扩散过来的 AP 分解产生的氧化性气体在燃烧室中掺混和燃烧,产生大量的气相产物,并放出大量的热量,一部分气相产物会凝结成微小的颗粒,另一部分气相产物会在 Al 颗粒表面发生异相反应,生成凝相产物。高温燃烧产物在燃烧室内以湍流气固两相流动的形式继续向前流动并与燃烧室壁面发生热传导,部分凝相颗粒与壁面碰撞,产生反弹、沉积和破碎等现象。随着高温燃烧产物在喷管中向出口流动,流体膨胀做功,压力和温度逐渐下降,两相间将会出现速度和温度不平衡的现象,进而会造成化学不平衡。在喷管流动、化学平衡和两相相互作用的共同作用下,推力室的最终燃烧产物以射流的形式从喷管出口喷出。

4.6.1.2　Mg/CO₂ 粉末火箭发动机推力室工作过程

Mg/CO_2 粉末火箭发动机的燃料一般为金属 Mg 粉,根据应用要求的不同,氧化剂可以选为气态或者液态的 CO_2。Mg/CO_2 粉末火箭发动机推力室稳态工作过程如图 4-31 所示。

燃料 Mg 粉经 CO_2 气体流化在喷注器出口形成稠密气固两相射流,在气体扩散和湍流的作用下,Mg 粉在燃烧室头部逐渐离散开。液体 CO_2 通过喷嘴展开成一定厚度的液膜,进而雾化形成细小的液滴。由于燃烧室压力在喷嘴出口突降至 CO_2 的饱和蒸气压以下,CO_2 在燃烧室中快速蒸发(又称为"闪蒸现象"),产生温度较低的 CO_2 气体或者气液两相。蒸发产生的气体 CO_2 在浓度梯度的作用下扩散至稠密颗粒区,发生气固掺混,形成气固两相混合物。当气固两相混合物流经点火器的局部高温区时,Mg 颗粒开始预热升温。颗粒温度上升至着火点附近,颗粒开始蒸发产生 Mg 蒸气,与周围环境中的 CO_2 发生气相掺混和燃烧,生成 CO 和 MgO 等燃烧产物。由于 MgO 的熔、沸点很高,因此 MgO 会快速凝结成细小的颗粒,而 CO 继续扩散至颗粒表面,发生表面异相反应,生成 C 和 MgO 等凝相产物。最终,燃烧室中形成主要组分为 CO、CO_2、凝相 C、Mg 和 MgO 的两相燃烧产物。高温的两相燃烧产物会继续以湍流的形式沿着燃烧室内壁面向喷管出口流动,并与壁面发生碰撞和传热。在喷管中,两相燃烧产物流速增大,压力和温度减小,出现气固两相不平衡,两相流体在喷管中会进一步发生混合和化学平衡,最终形成喷管射流。

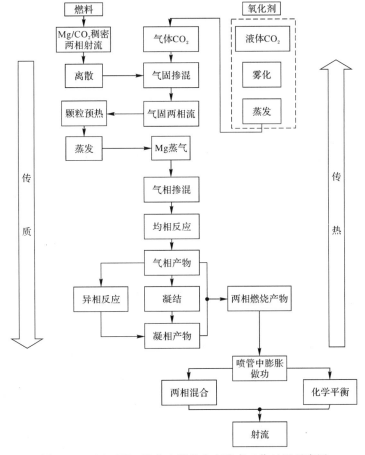

图 4-31　Mg/CO₂ 粉末火箭推力室稳态工作过程示意图

由于构成这一总过程的子过程比较复杂,而且彼此关联,因此很难建立一个推力室稳态工作过程的通用模型来对每个子过程和总过程的性能参数进行定量计算。特别是对于粉末火箭发动机来说,当前国内外有关颗粒流动模型的建立多基于普通的稀疏相气固两相流动,而颗粒燃烧模型的建立多基于静态或者简单的流动实验,凝相产物的生成与沉积机理及模型亦鲜有报道,因此对其工作过程的认识和计算多基于发动机的研制经验。

4.6.2　喷注器

喷注器是发动机推力室的重要结构组件,连接推进剂供给系统和燃烧室,其主要功能有:

1)保证推进剂按预定的流量和速度喷入燃烧室,保证发动机的工作流量和工作压力;

2)将液体推进剂展开成液膜或者形成速度足够高的射流,为液体推进剂雾化做准备;

3)组织推进剂不同组元间的掺混,为推进剂点火和燃烧做准备;

4)保证推进剂有足够的喷注速度,防止火焰回传和管路烧结;

5)保证燃烧室具有合适的流量密度分布,提高燃烧室的燃烧稳定性。

4.6.2.1　粉末喷注器结构

Al/AP 粉末火箭发动机和 Mg/CO_2 粉末火箭发动机是目前最常见的两种粉末火箭发动机。下面将以这两种粉末火箭发动机为例,介绍粉末喷注器的结构及其掺混性能。

（1）Al/AP 粉末喷注器

流态化的粉末颗粒具有一定的拟流体性质,但其流变特性远远不如液体推进剂,复杂的粉末喷注结构往往会造成气固两相流动分离,进而导致粉末推进剂发生局部沉积与阻塞,对粉末推进剂燃烧的稳定性与安全性带来负面影响。在当前技术条件下,粉末喷注器结构形式选择普遍放弃了集液腔配合多点阵列喷注方式,而采用结构更为简单,流动更为通畅的单点喷注或者环形喷注方式,以达到粉末推进剂连续喷注的目的。此外,Al/AP 粉末推进剂的燃烧环境极端恶劣(燃烧温度最高可达 4 000 K 以上,凝相产物质量分数达 40％以上),极高的热流密度与凝相沉积不允许燃烧室中采用复杂的火焰稳定装置,因此,较为简单的凸扩结构与钝体火焰稳定器是当前粉末火箭燃烧室火焰稳定装置的主要选择。

图 4-32 所示为 Bell 航空公司开展 Al/AP 粉末火箭发动机研究时所采用粉末喷注器构型,其中图 4-32(a)为预混型粉末喷注方式,粉末燃料与粉末氧化剂分别从中心管路和侧向管道进入预混结构内,经过掺混后注入燃烧室中进行燃烧,该喷注方式并未有效改善燃烧室压力振荡的现象;图 4-32(b)为非预混型粉末喷注方式,粉末氧化剂以旋流方式进入中心入口,粉末燃料由侧向进入喷注器并以环形喷注方式进入燃烧室,Bell 航空公司主要采用此种喷注方式进行了大量的点火试验研究。

表 4-19 为 Al/AP 粉末喷注器的主要参数,由当前的研究经验分析可以看出:①非预混方式是粉末喷注器的主要选择;②粉末喷注速度为 14～42 m/s,具有爆燃特性的 AP 粉末输送速度较快,Al 粉输送速度较慢,与达到悬浮流的流动速度条件相关;③喷注器压降区别较大,主要与粉末喷注器的构型以及流化气量的不同有关。

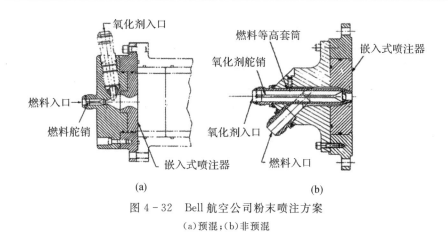

图 4-32　Bell 航空公司粉末喷注方案

(a)预混;(b)非预混

表 4-19　Al/AP 粉末喷注器的主要参数

序号	研究者	混合方式	喷注类型		喷注速度/(m·s⁻¹)		压降/MPa		燃烧效率/(%)
			Al	AP	Al	AP	Al	AP	
A	H. J. Loftus	预混式	预混结构	预混结构	14～21	42	0.34～0.48	0.96～1.4	74
B	H. J. Loftus	非预混	环形喷注	中心单点喷注	14～21	24	0.34～0.48	0.96～1.4	84
C	Li Yue	非预混	环形喷注	环形喷注	15	30	0.15	0.10	66.7

注:表中燃烧效率由特征速度效率表征,$\eta = c^*_{exp}/c^*_{th}$。

(2)Mg/CO₂ 喷注器

Mg/CO₂ 燃烧形式主要以流态化的 Mg 粉、气态或液态 CO₂ 形式进行气-固两相或者气-固-液三相燃烧,其燃烧组织形式与常规推进系统燃烧组织形式具有很大差别。Mg 粉末喷注方式、CO₂ 喷注方式、火焰稳定方式以及氧燃比控制是进行 Mg/CO₂ 喷注燃烧需考虑的主要问题。此外,还要考虑 Mg/CO₂ 发生异质反应产生的积炭问题,这需要对 Mg/CO₂ 燃烧过程进行详细的研究与设计。

均相燃烧反应:

$$Mg + CO_2 = MgO(s) + CO$$

异相燃烧反应:

$$Mg + CO = MgO(s) + C(s)$$

表 4-20 为研究者开展的 Mg/CO₂ 喷注与燃烧的相关情况。Mg 粉末的喷注与 Al 和 AP 的喷注方式具有很大的相似性,Mg 粉的气固两相流体主要是通过环形或者单点形喷注方式进入燃烧室的,并在有限的燃烧空间中离散开来。由于 CO₂ 与 Mg 的氧燃比通常在 2～6 之间,CO₂ 单独以流化气形式进入燃烧室参与燃烧组织是远远不够的,因此需要 CO₂ 以气体或者液体形式由特定喷注通道进入燃烧室参加燃烧反应。此外,CO₂ 还可以选择以多次喷注的方式进入燃烧室,采用调整氧燃比空间分布的方法来实现对燃烧室局部区域流动速度、燃烧温度的控制,以提高燃烧室火焰稳定性并缓解 Mg/CO₂ 燃烧产生的积炭现象。

表 4 - 20 Mg/CO₂ 喷注与燃烧方式

Date	研究者	Mg 粉喷注	CO₂ 喷注	组织方式	燃烧效率(最高)/(%)
1999	J. H. Wickman	侧壁面单点喷注	轴向单点喷注	垂直互击掺混	87
2005	J. P. Foote	轴向环形喷注			
2011	James Szabo	轴向收敛扩张喷管			69.7
2015	Zhang Shengmin	环形喷注	侧向喷注	多次进气	81.4
2017	Cai Yupeng	环形喷注	旋流＋侧向喷注	多次进气	76.7
2018	Hu Jiaming	环形喷注	互击＋侧向喷注	多次进液	73.6

注:表中燃烧效率选取研究者多次试验中的最大值。

西北工业大学的 Mg/CO₂ 粉末发动机的喷注方案如图 4 - 33 所示,当发动机推力较小时,氧化剂采用 CO₂ 气体[见图 4 - 33(a)],气体采用旋流形式喷注,可以加强颗粒和气相的掺混,增加颗粒轨迹长度和燃烧室滞留时间;当发动机推力较大时,氧化剂采用 CO₂ 液体[见图 4 - 33(b)],通过互击式喷注单元实现液体 CO₂ 的高效雾化,形成的膜状液雾和 Mg 粉喷注射流以一定角度撞击实现两组元的有效掺混。

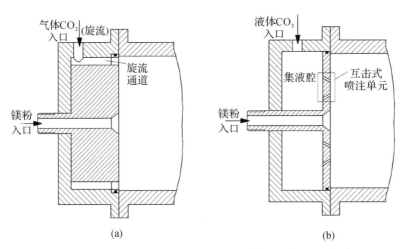

图 4 - 33 西北工业大学的 Mg/CO₂ 粉末发动机喷注方案

(a)Mg/CO₂(g);(b)Mg/CO₂(l)

4.6.2.2 喷注掺混性能

粉末推进剂的喷注与掺混性能关系到推力室点火和燃烧性能,对发动机具有十分重要的意义。推力室内粉末喷注质量主要通过喷注流量、流量稳定性、粉末喷注浓度、粉末离散均匀度和粉末掺混度等参数表征。这些参数测试方法见表 4 - 21。

表 4 - 21 喷注掺混性能参数

测试量	测试手段	目标量	测试目的
喷注流量	电学法、成像法	粉末喷注流量	校正流率喷注偏差、波动等
喷注压降	压力传感器	燃烧室压力抗扰动能力	输送稳定性、安全性

续表

测试量	测试手段	目标量	测试目的
粉末喷注浓度	粉末探针	粉末喷注点浓度	粉末喷注品质
离散均匀度	计算	横截面均匀度	空间离散品质
粉末掺混度	计算	横截面掺混度	粉末掺混品质

(1)喷注流量

粉末喷注流量和供给流量均值相同,然而瞬时流量并不相同。获取粉末推进剂喷注瞬时流量对于研究粉末的喷注性能稳定性和衡量喷注结构优劣具有重要意义。粉末喷注流量的测量方法主要包括电学测量法和成像测量法等。

(2)粉末喷注压降 Δp_{feed}

粉末喷注压降 Δp_{feed} 为粉末喷嘴上游压强 p_{fluid} 和燃烧室压强 p_c 之差,其表达式为

$$\Delta p_{feed} = p_{fluid} - p_c \tag{4-10}$$

一般推进剂喷注压降越大,推进剂喷注速度越大,喷注流量的稳定性越好。在不同的喷注压降下,粉末输送和喷注过程存在如下现象:

1)当 $\Delta p_{feed} < 0$ 时,活塞停滞或者后退,燃烧室燃气倒灌进入粉末储箱导致氧化剂储箱爆炸和燃料储箱烧结;

2)当 $0 < \Delta p_{feed} < 0.15$ MPa 时,一定概率会诱发粉末流化腔压力与燃烧室压力耦合振荡,并导致气固两相火焰在输送管道内回传;

3)当 0.15 MPa $< \Delta p_{feed} < \Delta p_{choking}$ 左右时,粉末输送速度大于火焰传播速度,粉末输送稳定性得到提高;

4)$\Delta p_{feed} > \Delta p_{choking}$ 时,粉末输送过程为壅塞式输送,下游燃烧室压力扰动不再对上游粉末输送过程产生影响。

(3)粉末喷注浓度 $C_{\dot{m}}$

粉末喷注浓度是指粉末在离散空间的某一点的颗粒数密度或者颗粒质量密度。获取离散空间上各点的粉末喷注浓度分布是研究粉末掺混、燃烧和燃烧稳定性的基础。粉末喷注浓度一般通过收集探针法进行测量,通过粉末收集管对燃烧室头部不同截面位置、不同轴向位置的粉末浓度进行测量,探针测试端位于被测量粉末喷注区域,另一端与被测端保持恒定压差,粉末流率浓度表达式为

$$C_{\dot{m}} = \alpha_c M_c / \Delta t S_{probe} \tag{4-11}$$

式中:M_c 为探针收集的粉末质量;Δt 为粉末喷注时间;S_{probe} 为探针入口在测试截面的投影面积;α_c 为不同压差条件下的流率修正系数。

(4)离散均匀度 ζ

参考雾化喷嘴定量评价掺混水平方法,定义颗粒在燃烧室截面离散均匀度为

$$\xi = 1 - \frac{\dfrac{1}{n-1}\sum_{i=1}^{n}(C_{\dot{m},i} - \bar{C}_{\dot{m}})^2}{\bar{C}_{\dot{m}}^2} \tag{4-12}$$

式中:$\bar{C}_{\dot{m}}$ 为燃烧室截面上的平均颗粒质量浓度;n 为燃烧室截面细分的份数;$C_{\dot{m},i}$ 为编号 i 的

部分截面处的颗粒质量浓度。

（5）粉末掺混度 $\beta_{\mathrm{powder\text{-}gas}}$

粉末推力室中的两相掺混燃烧可以大致分为粉末固-气掺混燃烧和固-固掺混燃烧，分别对应 Mg/CO_2 与 Al/AP 推进剂方式，因此掺混均匀度描述方法亦有所区别。

Mg/CO_2 气-固两相点掺混度 $\beta_{\mathrm{powder\text{-}gas}}$ 为

$$\beta_{\mathrm{powder\text{-}gas}} = 1 - \frac{1}{1 + \lg\left(1 + \dfrac{\rho_{\mathrm{co}_2} v_{\mathrm{co}_2} Y_{\mathrm{co}_2} C_{\dot{m}} \varphi}{\rho_{\mathrm{co}_2} v_{\mathrm{co}_2} Y_{\mathrm{co}_2} - C_{\dot{m}} \varphi}\right)} \tag{4-13}$$

式中：ρ_{co_2}、v_{co_2}、Y_{co_2} 分别为 CO_2 气体密度、速度和在混合气中的质量分数；$C_{\dot{m}}$ 为 Mg 粉的喷注浓度；φ 为进入发动机的 CO_2 和 Mg 粉的质量流量比。

Al 粉/AP 粉末的固-固掺混度 $\beta_{\mathrm{powder\text{-}powder}}$ 为

$$\beta_{\mathrm{powder\text{-}powder}} = 1 - \frac{1}{1 + \lg\left(1 + \dfrac{C_{\dot{m}\text{-}AP} C_{\dot{m}\text{-}Al} \varphi}{C_{\dot{m}\text{-}AP} - C_{\dot{m}\text{-}Al} \varphi}\right)} \tag{4-14}$$

式中：$C_{\dot{m}\text{-}AP}$ 为 AP 粉的喷注浓度；$C_{\dot{m}\text{-}Al}$ 为 Al 粉的喷注浓度；φ 为进入发动机的 AP 和 Al 粉质量流量比。

4.6.3　燃烧室

粉末火箭发动机燃烧室中的燃烧过程，既包含常见于液体火箭发动机燃烧室中的喷注掺混过程，又包含常见于固体火箭发动机燃烧室中的固体颗粒多相燃烧过程，可以说是多相流动、燃烧和传热传质的耦合，表现出许多新特征。

粉末发动机燃烧室中主要存在流动、点火、预热、蒸发和燃烧过程。在燃烧过程中，推进剂不同组元间存在明显的不同步现象。例如，Al/AP 粉末火箭发动机中 AP 分解速度明显高于 Al 颗粒的燃烧速度；Mg/CO_2 粉末火箭发动机中氧化剂 CO_2 能快速蒸发和扩散，Mg 颗粒在 CO_2 气体中继续燃烧。因此，在粉末火箭发动机的燃烧流动过程中金属颗粒将占主导地位。

颗粒首先在气流的裹挟作用和颗粒间相互作用力的影响下，偏离初始方向运动而离散开，在一定流速气体的作用下，以两相悬浮流形式在燃烧室中流动，但是由于颗粒燃烧过程会释放大量的热，从而导致气体温度和流速快速增加，颗粒和气体的速度差也明显增加，当颗粒雷诺数大于临界值时，可能出现火焰脱体现象，进而导致燃烧室稳焰失败。因此，燃烧室内的流动速度不可太低，也不可太高。根据当前研究经验，粉末火箭发动机燃烧室内燃气平均流速一般为 $10\sim30$ m/s。

点火过程主要由颗粒在流动的气体环境中预热、发生表面反应和蒸发等复杂的传热、传质和动力学过程组成。对于气粉两相流，点火过程研究的宏观特征主要有着火温度、着火时间、着火浓度极限和火焰传播速度，微观特征主要有着火机理和燃烧化学反应机理等。当前研究表明，Al 粉和空气混合物的层流火焰传播速度约为 19.227 cm/s，Al 粉和 AP 粉末混合物的层流火焰传播速度约为 73.88 cm/s，Mg 粉和 CO_2 的混合物在圆管内的湍流火焰传播速度低于 1 m/s。

蒸发过程主要包括金属颗粒的蒸发和液体 CO_2 的蒸发等。其中根据 4.5 节的研究，液体 CO_2 的蒸发十分迅速，燃烧室主要以金属颗粒的蒸发为主。金属颗粒表面的氧化膜和表面异相反应产物会阻止液滴蒸发，并且金属颗粒蒸发潜热较大，因此金属颗粒的蒸发速率一般低于碳氢燃料液滴蒸发速率。

燃烧过程相应地也以金属颗粒的燃烧为主。金属颗粒的燃烧过程是气相反应和表面反应的综合,当前研究表明,Al 颗粒的燃烧时间一般和粒径的 1.8 次方成正比,然而发动机环境中存在复杂的湍流和两相流动,流动和燃烧的耦合会使颗粒的燃烧行为更加复杂,是目前粉末火箭发动机和固体火箭发动机研究的热点问题。

总体来说,在粉末火箭发动机燃烧室中,推进剂组元及其燃烧产物通常是气液固三相共存的。相比液体燃料,金属颗粒点火温度高,蒸发速率慢,流动中颗粒燃烧容易出现火焰脱体等现象。因此,一方面,粉末火箭发动机燃烧室环境中的颗粒点火延迟时间和燃烧时间均较长,进而导致燃烧室长度增加。另一方面,由于粉末燃料均以金属颗粒为主,燃烧室的凝相组分的浓度明显更高,凝相颗粒间存在复杂的碰撞、颗粒群燃烧等现象,进而导致颗粒壁面沉积、局部爆燃、温度分布不均甚至燃烧室压力振荡等现象。

4.6.4　喷管

火箭发动机喷管将推进剂燃烧产生的热能转换为射流动能,这一过程的能量转换效率直接影响了发动机的比冲性能。喷管中的比冲损失主要包括化学不平衡损失、非轴向损失、摩擦损失、散热损失和两相流损失等。在复合推进剂固体火箭发动机中,凝相燃烧产物含量一般为 30%,两相流损失一般占总损失的 1/3～1/2,可使比冲下降 1.5%～2.5%。而对于粉末火箭发动机来说,凝相燃烧产物含量一般为 40%～50%,喷管两相流损失会更大。因此,研究喷管内的两相流损失对粉末火箭发动机具有极其重要的意义。

大多数火箭的喷管是收敛-扩张形的拉瓦尔喷管。由于燃气在火箭喷管的收敛段中的流动速度较低,任何光滑的、圆弧转接的喷管收敛段的能量损失都很小;相反,喷管扩张段中的流速很高,两相流损失较大,型面对性能影响很大。

4.6.4.1　喷管内的两相流动

两相混合物在喷管中由亚声速经跨声速到超声速的流动过程,一般称为喷管两相流。在喷管两相流中,凝相颗粒对压强的贡献极小,且不能像气体那样膨胀做功。凝相颗粒受气动力作用才能在喷管中加速运动,一般比气体流动速度慢,这种现象称为速度滞后。这样,在喷管出口截面上凝相颗粒速度就必然小于气体的喷出速度,这种由速度滞后引起的比冲损失称为速度滞后损失。在流动过程中温度逐渐下降,凝相颗粒的温度一般比气相温度下降得慢。凝相颗粒的热能只能通过向气相传热并通过气相热膨胀做功,最终间接地转变为动能。在喷管同一截面处凝相颗粒温度总比气相温度高,这种现象称为温度滞后,由其引起的比冲损失称为温度滞后损失。由以上几种因素引起的比冲损失统称为喷管两相流损失。另外,在喷管内两相混合物的流动过程中,高速运动的颗粒可能对喷管壁面有冲刷作用,会引起壁面粗糙度增大或产生微弱剥蚀。前者使喷管摩擦损失增加,后者如发生在喷管喉部将使发动机的推力-时间曲线下降。

由上述分析可知,喷管中的两相流动与纯气相流动大不相同。为提高粉末火箭发动机性能,在喷管型面设计中必须充分考虑两相流。例如,根据减小两相流损失的观点设计的锥形喷管,要比按纯气体的最佳性能设计的喷管性能要好。

4.6.4.2　喷管的形状

按照几何形状的不同,发动机喷管可分为锥形喷管、钟形喷管和可调节针栓喷管三种类型。锥形喷管设计简单、制造方便并且便于拼装,需要改变喷管扩张比时,只需要进行相应的截短或者加长。为了研究推力室的性能,在初期的点火试验中,会遇到许多不可期的问题,使用简单易加工的锥形喷管,能够使对试验工况的调整更加灵活,从而可以推进实验进度。钟形喷管具有更好的推力性能,并且能够有效缩短喷管尺寸,研究中设计的钟形喷管主要用于推力测试的试验中。

(1)锥形喷管

锥形喷管采用具有一定锥角的直线作为喷管扩张型面的母线。早期的火箭发动机,一般都采用锥形喷管。典型的锥形喷管构型如图 4-34 所示。喷管喉部段具有圆弧型面,其半径 R 为喉部半径 R_t 的 $0.5\sim1.5$ 倍,扩张段的半角 α 为 $12°\sim18°$,锥形喷管段的长度 L_n 可由下式表示:

$$L_n = \frac{R_t(\sqrt{\varepsilon}-1) + R(\sec\alpha-1)}{\tan\alpha} \tag{4-15}$$

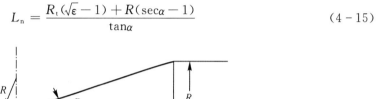
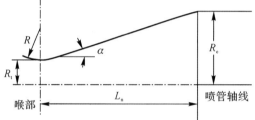

图 4-34　典型的锥形喷管构型

由于具有 15° 扩散半角的锥形喷管较好地平衡了质量、长度和性能之间的关系,几乎已成为标准喷管,因此本书选取 $\alpha=15°$ 的锥形喷管扩张角进行研究。

由于锥形喷管并不是轴向排气,所以存在一定的性能损失。在计算燃气的动量时,应引入一个修正系数(也称之为喷管的非轴向损失系数)η_{ng},此系数是锥形喷管的出口燃气动量与理想喷管出口燃气动量的比值,η_{ng} 可以由下式计算

$$\eta_{ng} = \frac{1}{2}(1 + \cos\alpha) \tag{4-16}$$

对于理想喷管,$\eta_{ng}=1$;当 $\alpha=15°$ 时,$\eta_{ng}=0.983$,其出口燃气的动量或出口速度是理想喷管出口速度的 98.3%。喷管的真空推力系数正比于喷管所产生的推力或喷管出口的燃气速度,因此 15°半角锥形喷管的理论真空推力系数(忽略摩擦和其它流动损失)也是理想喷管的98.3%。

(2)钟形喷管

钟形喷管也称为特型喷管,是目前最常用的喷管。钟形喷管在初始扩散区内为快速膨胀或径向流动的部分,在喷管出口处为均匀的轴向流动的部分。

将钟形喷管与具有相同面积扩张比的锥形喷管进行对比后可以发现,在推力相同的情况下,钟形喷管可缩短 $30\%\sim50\%$,喷管结构质量和表面积的减少量为 $30\%\sim50\%$,如果这两种喷管具有相同的长度,则钟形喷管推力和比冲可增大 3% 左右。

4.7　粉末火箭发动机工作参数设计实例

发动机工作参数及相关参量计算是粉末火箭发动机总体设计中重要的一环,对于发动机设计具有指导意义。如图 4 - 35 所示,粉末火箭发动机的工作参数设计与计算主要基于发动机的任务需求,根据不同的任务需求确定推进剂种类、粉末推进剂供给系统工作参数以及推力室工作参数,计算发动机系统推力调节参数,完成发动机性能预估并判断是否达到任务要求。接下来以某地面实验用双粉末组元火箭发动机为例,对粉末火箭发动机工作参数设计方法进行探讨。

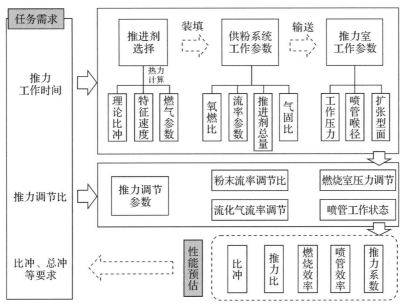

图 4 - 35　工作参数计算及性能预估流程

4.7.1　设计任务需求

设计任务需求主要与动力系统工程的用途有关,一般由总体部门下发,主要包括发动机尺寸要求、推进剂类型要求、比冲要求、推力要求、工作时间以及某些特殊功能要求等。某地面实验用双粉末组元火箭发动机的设计任务需求见表 4 - 22。

表 4 - 22　某地面实验用双粉末组元火箭发动机的设计任务需求

推进剂类型	推力/N	地面比冲/s	工作时间/s	特殊功能	起动次数
双粉末组元	≥1 000	≥200	≥30	多次启动	≥5

4.7.2　推进剂参数计算

Al 粉具有较高的热值,AP 粉末具有较好的热稳定性。因此,选取 Al 粉和 AP 粉末作为双粉末组元发动机的推进剂。推进剂参数主要包括:推进剂工作氧燃比、设计点热力计算参数以及推进剂粒径参数等。

（1）氧燃比

在推进剂组合类型确定的条件下，氧燃比是决定推进剂燃烧性能的最重要的因素，因此一般通过燃烧性能指标（包括比冲、特征速度、凝相比例和燃烧温度等）来确定最佳氧燃比。由火箭发动机原理相关课程可知：比冲是衡量发动机工作性能的最重要的指标，比冲越高，完成某一发射任务所需推进剂的质量越少。因此，氧燃比的确定首先要考虑比冲性能。特征速度是衡量推进剂燃烧释放能量多少的重要指标，一般来说，特征速度越大，比冲越高。凝相比例主要影响喷管两相流损失，凝相比例越高，两相流损失越大。燃烧温度一方面反映了推进剂的能量性能，另一方面会影响发动机的热防护性能。

确定发动机工作参数往往是发动机设计的最初步骤，大部分时候并没有完整的试验数据和工程经验，相关燃烧性能参数需要通过热力学理论计算的方法预估。基于最小吉布斯自由能方法，计算不同氧燃比下 Al/AP 粉末推进剂燃烧性能参数，结果如图 4-36 所示。

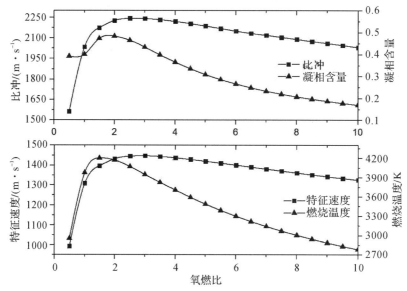

图 4-36　不同氧燃比下 Al/AP 粉末推进剂燃烧性能曲线

由图 4-36 可知，当 Al/AP 粉末推进剂氧燃比为 2.5 时，在该氧燃比附近，该类型推进剂组合方式具有最佳的燃烧性能，因此取发动机设计氧燃比 O/F=2.5。

（2）设计点热力计算参数

取推力室工作压强 p_c 为 3.5 MPa，氧燃比 O/F 为 2.5，对 Al/AP 粉末组元进行热力计算，热力计算参数见表 4-23。

表 4-23　推力室设计点下热力参数

k	T_c/ K	p_c/ MPa	ζ（凝相质量分数）/（%）	c^*/(m·s^{-1})	I_{sp}/(m·s^{-1})	I_{vac}/(m·s^{-1})
1.098	4 071	3.5	46.5	1 446	2 245	2 515

燃烧产物组元计算结果见表 4-24。

表 4 - 24 O/F＝2.5 时燃烧产物组分含量分布表

燃烧产物	摩尔分数/(％)	燃烧产物	摩尔分数/(％)
$Al_2O_3(L)$	15.789	Cl	6.626
H_2O	15.356	O	3.757
HCl	12.048	O_2	2.024
H_2	10.697	AlOH	1.712
N_2	9.827	NO	1.357
H	9.142	AlCl	1.282
OH	8.369	AlO	0.625

注:表中的含量是指该组分占燃烧产物物质的量的比例,表中仅列出含量大于 0.5％的组分。

（3）AP、Al 颗粒粒径

粉末氧化剂和燃料的粒径筛选主要从储存性能、安全性能、流化性能和点火燃烧性能等方面综合考虑。AP 颗粒作为粉末氧化剂,当粒径较小时,流化性能、吸湿性和安全性都较差,因此其粒径一般选为 120 μm,并且 AP 分解速度很快,该粒径颗粒足以满足粉末发动机燃烧要求;燃料 Al 粉的储存性能和安全性能明显优于氧化剂 AP 粉末。考虑到粉末流化性能和点火燃烧性能,本次粉末火箭发动机燃烧室设计中的燃料 Al 粉颗粒粒径选为 40 μm。

4.7.3 粉末供给参数

发动机设计推力为 1 000 N,发动机要求比冲为 200 s,根据

$$F = I_{sp}\dot{m}$$

为保证发动机设计达到推力要求,推进剂总流率设计参数为 510 g/s,流化气流率按照粉末流率 4％取值,粉末氧化剂、燃料以及流化气流率分别为:$q_{AP}＝350$ g/s,$q_{Al}＝140$ g/s,$q_g＝20$ g/s。

发动机工作时间为 30 s,因此各推进剂装填质量分别为:$M_{AP}＝10.5$ kg,$M_{Al}＝4.2$ kg,$M_g＝0.6$ kg。

Al 和 AP 采用自由装填模式,根据实验经验,Al 和 AP 自由装填率为 0.544 和 0.63 左右,Al 粉的实际装填密度为 2 700×0.544＝1 468.8 kg/m³,AP 粉末的实际装填密度为 2 038.7×0.63＝1 284.4 kg/m³。因此,选取储箱容积分别为

$$V_{Al} = 4.2/1\ 468.8 \times 1\ 000 \approx 2.9\ L$$
$$V_{AP} = 10.5/1\ 284.4 \times 1\ 000 \approx 8.2\ L$$

4.7.4 推力室参数

（1）推力室压力

推力室工作推力为 1 000 N,考虑到粉末火箭发动机粉末燃料与氧化剂的输送方式为气力输送,因此燃烧室的压力需小于粉末推进剂供给系统的压力。粉末输送压力过低不利于比冲优势的发挥;压力过高,流化气的使用效率会大大降低,同时气体载粉能力也会受到影响。因此选取 $p_c＝3.5$ MPa 作为推力室的设计工作压力。

（2）Al 粒径、颗粒滞留时间和燃气停留时间

在本次粉末火箭发动机燃烧室设计中,Al 粉的粒径为 40 μm,燃烧室设计压强 $p_c＝$

3.5 MPa，由表 4-24 可知，氧化气体主要为 O_2 和 H_2O。由下式计算得到 40 μm 的 Al 颗粒燃烧时间 $t_b = 8.8$ ms：

$$t_b = \frac{aD^n}{X_{eff} p^{0.1} T_0^{0.2}} \tag{4-17}$$

式中：D 为粒径，μm；p 为燃烧室压强，atm；T_0 为颗粒初始温度，K；a 和 n 分别为 Al 颗粒燃烧的经验常数，分别为 0.007 35 和 1.8；X_{eff} 为氧化剂的影响系数，与氧化剂摩尔浓度满足 $X_{eff} = C_{O_2} + 0.6 C_{H_2O}$。

取颗粒滞留时间的范围为 9～12 ms。燃烧室的燃气停留时间 τ_c 一般需大于颗粒的滞留时间，才能保证粉末推进剂充分掺混燃烧，取 τ_c 为 10～15 ms。

根据液体火箭发动机原理，推力室特征长度 L^* 和燃气滞留时间 τ_c 满足

$$L^* = \Gamma^2 c^* \tau_c$$

其中，Γ 为与比热比 γ 有关的函数，有

$$\Gamma = \sqrt{\gamma} \left(\frac{2}{k+1} \right)^{\frac{\gamma+1}{2(\gamma-1)}}$$

因此，推力室特征长度 L^* 分别为 5.7 m（$\tau_c = 10$ ms）、6.84 m（$\tau_c = 12$ ms）和 8.55 m（$\tau_c = 15$ ms）。

（3）喷管参数

喷管的主要参数包括：喷管理论扩张比、喷管喉部面积以及喷管出口面积等。

1）喷管理论扩张比。在任务需求中选取 AP/Al 粉末火箭发动机燃烧室压强的设计点为 3.5 MPa，工作环境压强 $p_a = 101$ 325 Pa，因此可以确定环境压强与燃烧室压强比为

$$\frac{p_a}{p_c} = 0.029 \tag{4-18}$$

完全膨胀状态下喷管比冲最高，喷管的扩张比

$$\varepsilon_A = \frac{\left(\frac{2}{\gamma+1} \right)^{\frac{1}{\gamma-1}} \sqrt{\frac{\gamma-1}{\gamma+1}}}{\sqrt{\left(\frac{p_e}{p_c} \right)^{\frac{2}{\gamma}} - \left(\frac{p_e}{p_c} \right)^{\frac{\gamma+1}{\gamma}}}} = 6.4 \tag{4-19}$$

2）喷管喉部面积。喷管喉部面积可以根据喷管的流量公式来确定：

$$\dot{m} = \frac{p_c A_t}{c^*}$$

计算可得：$A_t = 0.510 \times 1\,446 / 3.5 = 210.7$ mm²，即可得到喉部直径：$d_t = 16.4$ mm（取整为 16 mm）。

3）喷管出口面积。喷管出口面积可由扩张比进行计算，公式如下：

$$\varepsilon_A = \frac{A_e}{A_t} \tag{4-20}$$

因此，喷管出口面积为 $A_e = 6.4 \times 210.7 = 1\,348.48$ mm²，喷管出口直径为 41.4 mm（取整为 41 mm）。

4.7.5　推力室性能参数计算及校验

在实验中的发动机结构设计过程中，由于计算结果舍入，设计的发动机工作参数和热力计算参数与最初推力室设计参数难免出现偏差。如果偏差对发动机性能的影响在允许范围内，则不需要改进设计，否则应进行推力室结构改进并对推力室性能继续校核，如图 4-37 所示。

图 4-37　推力室校核流程

基于推力任务要求设计的 Al/AP 粉末发动机工作参数见表 4-25。

表 4-25　推力性能设计参数

推进剂种类	燃烧室压力 p_c/MPa	推进剂流率 $\dot{m}$/(g·s^{-1})	设计推力 F/N	地面比冲 I_{sp}/(m·s^{-1})
Al/AP/N$_2$	3.68	510	1 000	2 000

推力室设计参数结果见表 4-26。

表 4-26　推力室结构计算参数与设计参数对比

	工作压强 p_c/MPa	特征长度 L/m	喷管喉径 D_t/mm	喷管扩张比 ε_e	喷管出口 D_e/mm
计算参数	3.5	5.7~8.55	16.4	6.4	41.4
设计参数	3.68	5.702~8.553	16	6.81	42

根据设计参数,重新进行热力计算,基于设计点($p_c=3.68$,O/F=2.5)的热力学参数见表 4-27。

表 4-27　基于推力室设计点的热力学参数

k	T_c/K	p_c/MPa	ζ(凝相质量分数)/(%)	c^*/(m·s^{-1})	I_{sp}/(m·s^{-1})	I_{vac}/(m·s^{-1})
1.098	4 081	3.68	46.5	1 446.6	2 259.2	2 526.9

表 4-23 和表 4-27 的热力参数差别很小,说明设计成功。根据推力室结构设计参数计算得燃烧产物组分见表 4-28。

表 4-28　校验后燃烧产物组分含量分布表

燃烧产物	摩尔分数/(%)	燃烧产物	摩尔分数/(%)
Al$_2$O$_3$(L)	15.809	Cl	6.593
H$_2$O	15.425	O	3.725
HCl	12.091	O$_2$	2.017
H$_2$	10.69	AlOH	1.711
N$_2$	9.836	NO	1.364
H	9.062	AlCl	1.278
OH	8.369	AlO	0.621

注:表中的含量是指该组分占燃烧产物物质的量的比例,表中仅列出含量大于 0.5% 的组分。

推力室比冲性能损失主要考虑粉末颗粒燃烧充分程度、颗粒二相流损失以及喷管设计非轴向损失,忽略散热损失、摩擦损失、化学不平衡损失以及烧蚀损失等。η_P,η_{ng} 分别为喷管二相流损失系数和非轴向损失系数,燃烧室燃烧效率 ξ 为 92%,非轴向损失冲量系数为 98.3%,二相流损失冲量系数为 97%。根据下式可以估算推力室推力:

$$F_{tc} = q_{mc} I_{sp} \eta_l \tag{4-21}$$

$$\eta_l = \eta_P \eta_{ng} \xi \tag{4-22}$$

经计算得:推力室比冲效率 $\eta_{I_{sp}}$ 为 87.7%,推力室产生推力 F_{tc} 为 1 011 N,假设粉末供粉误差为±5%,推力的波动范围为960.45～1 061.55 N,认为满足设计需求。表4-29为校正后发动机性能及设计参数。

表4-29 发动机性能及设计参数表

发动机性能	设计点参数
推进剂种类	Al粉(40 μm)/AP粉末(120 μm)
推进剂质量流率 $\dot{m}/(g \cdot s^{-1})$	510
粉末氧燃比(O/F)	2.5
最大设计推力 F/N	1 000
燃烧室压强 p_c/MPa	3.68
比冲(海平面)$I_{sp}/(m \cdot s^{-1})$	2 259.2(I_{sp})、2 526.9(I_{vac})
特征速度 $c^*/(m \cdot s^{-1})$	1 446.6
推力系数 C_F	1.56
冲量系数 η_{sp},4η_C,η_{ng},η_p	0.877,0.92,0.983,0.97
喉径 D_t/mm	16
喷管出口直径 D_e/mm	42
喷管扩张比 ε	6.81
燃烧室特征长度 L^*/m	5.7($\tau_c=10$ ms),6.84($\tau_c=12$ ms),8.55($\tau_c=15$ ms)

4.8 粉末火箭发动机热试

4.8.1 Al/AP粉末火箭发动机

Al/AP粉末火箭发动机实验系统主要由试验发动机及相关附属部件、发动机试验台架、试验控制系统、测试系统、气路系统以及冷态调试系统组成,如图4-38所示。试验系统满足粉末发动机点火试车所需的硬件要求,具备对发动机工作过程进行控制、监测及相关工作参数设定的功能。

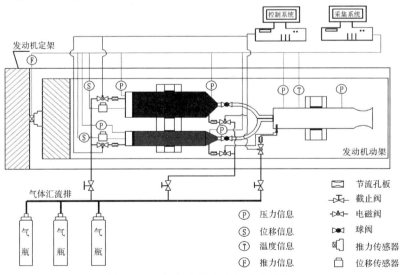

图4-38 粉末火箭发动机试验系统

4.8.1.1 多次起动

图 4-39 和图 4-40 所示为四次起动过程中 AP 储箱和 Al 储箱监测量与燃烧室内弹道曲线图。从图 4-39 中可以看出：四次起动活塞位移平滑，移动正常；储箱压力正常，供粉系统工作正常，四次起动关机期间粉末供应具有良好的重复性。

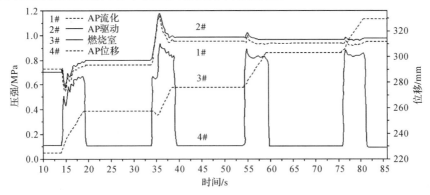

图 4-39 四次起动过程中 AP 储箱监测量与燃烧室内弹道

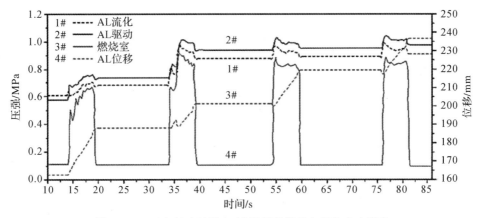

图 4-40 四次起动过程中 Al 储箱监测量与燃烧室内弹道

图 4-41 所示为粉末火箭发动机原理性试验样机四次起动关机内弹道曲线。点火试验燃烧室工作压力分别为 0.602 MPa、0.822 MPa、0.838 MPa、0.854 MPa，多次起动时间间隔为15 s 左右，发动机压强建立时间为 0.37~0.44 s，工作时间为 4.63~4.71 s，拖尾时间为0.42~0.53 s，试验重复性良好。

图 4-42 和图 4-43 所示分别为扰流环前、后燃烧室内的沉积情况。四次点火起动期间燃烧室内沉积还是比较严重的，这主要是由于 Al 粉进入燃烧室速度较慢，Al 粉进入离散器后有堵塞现象（见图 4-44），Al 粉无法与 AP 进行很好的掺混燃烧，在这个过程中扰流环起到了积极作用：首先，扰流环可以加强粉末掺混，其次，它还可以将粉末沉积挡在燃烧室前端，防止沉积进入喷管时导致喷管堵塞和压力爬升。

图 4-45 所示为四次点火后的等离子点火头烧蚀情况。可见，钨材料制作的点火头结构完整，但也受到一定程度的烧蚀损坏，这说明燃烧室工作压强更高时，四次点火对点火头的损害也更加严重，建议采取更大保护气量来冷却点火头。

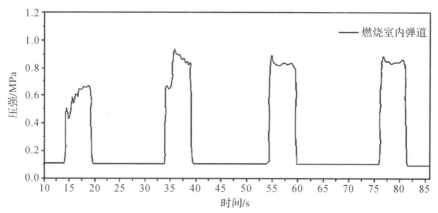

图 4-41 粉末火箭发动机原理性试验样机四次起动关机内弹道

图 4-42 扰流环前沉积

图 4-43 扰流环后沉积

图 4-44 粉末喷注器 Al 粉通道有堵塞现象

图 4-45 等离子点火头烧蚀情况

4.8.1.2 推力调节

图 4-46 所示为粉末火箭发动机推力调节气路布置图。

发动机气路主要由 4 部分构成:驱动气路(①和②),AP 和 Al 储箱的驱动气路各分为大小两路,分别通过向储箱的驱动腔持续注入不同流量驱动气体从而保证活塞以不同的速度前进;流化气路(③和④),AP 和 Al 的流化气路也各分为大小两路,分别对应活塞的两种供粉速度;保护气路(⑤),向等离子点火头输送电离介质,在发动机工作过程中起到点火和稳焰的作用;补气气路(⑥和⑦),推力调节时需要在短时间内将驱动腔压力由小推力驱动压力状态增压至大推力驱动压力状态,在不造成粉末推进剂压实的前提下缩短发动机转调时间。

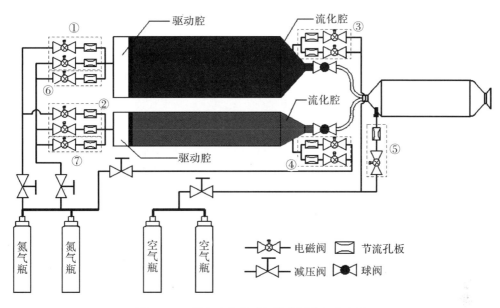

图 4-46　粉末火箭发动机推力调节气路布置

(1)发动机推力调节工作参数设计

针对推力调节试验,分别设计小推力和大推力试验工况。表 4-30 为粉末火箭发动机工作参数设计,设计参数通过理论计算和工程经验得出,与实际点火试验参数可能存在一定偏差。

表 4-30　粉末火箭发动机工作参数设计

设计参数	小推力状态	大推力状态
粉末质量流率/$(g \cdot s^{-1})$	30～45	70～100
粉末氧燃比(O/F)	4～6	
喷管喉径/mm	8	
燃烧室工作压力/MPa	0.5～0.7	1.9～2.2
理论特征速度/$(m \cdot s^{-1})$	1 350	1 370
特征速度效率/(%)	60～70	80～90

根据发动机工作参数计算得到发动机供粉系统控制参数,见表 4-31。

表 4-31　供粉系统控制参数

类别	小推力供粉系统参数		大推力供粉系统参数	
	AP 粉箱	Al 粉箱	AP 粉箱	Al 粉箱
	流量/$(g \cdot s^{-1})$	流量/$(g \cdot s^{-1})$	流量/$(g \cdot s^{-1})$	流量/$(g \cdot s^{-1})$
驱动路	0.035	0.21	1.62	0.40

续表

	小推力供粉系统参数		大推力供粉系统参数	
流化路	2.5	1.85	4.27	2.96
补气路	/	/	1.05	0.235
保护气流量/$(g \cdot s^{-1})$	0.45		1.52	

（2）推力调节点火试验结果及分析

粉末火箭发动机推力调节点火试验内弹道曲线如图 4-47 所示。

当粉末推进剂流量稳定时，喷管喉部直径减小，可引起燃烧室压力缓慢爬升，同时也会导致发动机推力计算失真。图 4-48 所示为点火试验前后喷管对比照片，喉部并无沉积，因此对推力比计算无影响。取发动机工作相对稳定阶段作为计算区间，小推力稳定工作阶段燃烧室压力为 0.59 MPa，大推力稳定工作阶段燃烧室压力为 1.90 MPa，工作过程中喷管喉部并无明显沉积，根据推力公式可得推力调节比为 4.08。

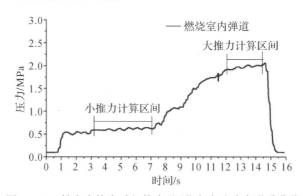

图 4-47　粉末火箭发动机推力/调节点火试验内弹道曲线

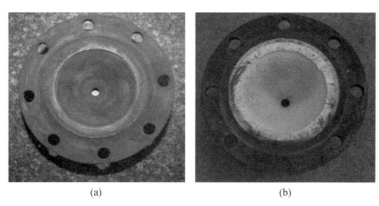

(a)　　　　　　　　　　　(b)

图 4-48　点火试验前后喷管对比照片

(a)试验前；(b)试验后

推力调节参数计算结果见表 4-32。

表 4 - 32　推力调节计算参数

参数		小推力阶段	大推力阶段
Al 粉箱	粉末流率/(g·s^{-1})	2.74	13.76
AP 粉箱	粉末流率/(g·s^{-1})	28.73	78.72
平均工作压力/MPa		0.59	1.9
推力系数/N		1.086	1.376
计算推力/N		32.21	131.41
燃烧效率/(%)		66.7	85.4

图 4 - 49 所示为推力调节试验结束后被烧坏的点火头,为不锈钢材质。点火头的阴极和阳极均造成不同程度的损坏,已经不具备再次点火的能力,被烧掉的点火头残渣落入燃烧室中是十分危险的,假如其卡在燃烧室喉部有可能会导致燃烧室爆炸,因此点火头设计结构和材质需要改进。

图 4 - 49　烧坏的点火头

4.8.2　Mg/CO$_2$ 粉末火箭发动机

4.8.2.1　多次起动

(1)多次起动方案设计

基于 Al/AP 粉末火箭发动机多次起动的研究基础,提出 Mg/CO$_2$ 粉末火箭发动机多次起动试验系统。其中高压气瓶内为 CO$_2$,用于提供发动机工作过程中的流化气、驱动气以及作为氧化剂与 Mg 粉燃烧,气固两相阀用于控制 Mg 粉燃料的通断,控制系统用于控制系统中各阀门的通断,测试系统用于记录发动机工作过程中相关工作参数。

与 Al/AP 粉末火箭发动机不同,在 Mg/CO$_2$ 粉末火箭发动机研究中,采取 CO$_2$ 气体分三次进气的燃烧组织方案,基本构型如图 4 - 50 所示。其中一次进气为流化气,既起到流化输运 Mg 粉的作用,又可与 Mg 粉进行一次燃烧,产生大量的热,为后续的多次进气补燃提供稳定的热源。二次进气为旋流进气方式,在增强氧化剂气体与燃料颗粒掺混的同时,也增加了粉末离散器稳焰钝体后的回流区大小,从而有利于提高预燃室在气体质量流率较大条件下的燃烧稳定性,并且旋流燃烧也可增加 Mg 颗粒在燃烧室内的滞留时间。三次进气为燃烧室中段侧向进气,可与预燃室中未燃尽的 Mg 颗粒进一步掺混燃烧,提高 Mg 颗粒的燃烧效率,同时增加了做功工质,提高了发动机的比冲性能。

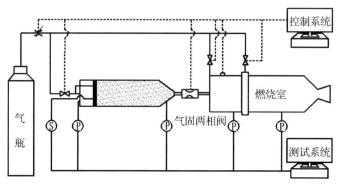

图 4-50 Mg/CO₂ 粉末发动机系统结构

(2)发动机多次起动工作参数设计

表 4-33 为发动机设计工作参数,通过理论计算和工程经验得到,与实际点火试验参数可能存在一定偏差。

表 4-33 发动机设计点参数

参数	计算结果
Mg 粉质量流率/(g·s⁻¹)	10
粉末氧燃比(O/F)	3
喷管喉径/mm	8
燃烧室理论压力/MPa	1
燃烧室工作压力/MPa	0.7
理论特征速度/(m·s⁻¹)	1 010
特征速度效率/(%)	60~75

(3)多次起动点火试验结果及分析

在进行多次起动点火试验时,为了降低点火延迟时间,在设置工作时序及参数时,将控制旋流进气的电磁阀滞后 2 s 打开,并且减少初始时刻流化气量,从而保证点火时刻燃烧室头部有较低的氧燃比,以利于发动机点火,发动机工作 2 s 之后所有参数设置均恢复至设计工况。在发动机一次起动关机后,等待 30 min 后进行二次点火起动,验证 Mg/CO₂ 火箭发动机长时间间隔的多次起动功能。该发动机二次起动关机工作过程的内弹道及活塞位移曲线如图 4-51 所示。

由图 4-51 可以看出,旋流气滞后 2 s 进入燃烧室有利于降低点火延迟时间,提高发动机点火稳定性。两次点火起动过程初始点火压强峰分别为 0.65 MPa 和 0.8 MPa。在两次工作过程中,当发动机进入设计工况后,内弹道曲线均呈现出爬升过程,第二次工作过程尤为明显,且第二次燃烧室工作压强也高于第一次。这是由于在发动机工作过程中喷管喉部沉积层逐渐增厚导致喉部面积逐渐减小,从而出现燃烧室压力攀升的现象。

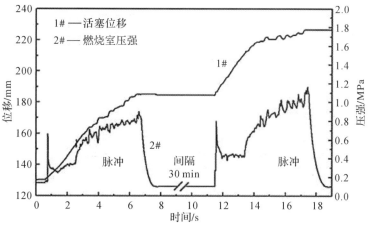

图 4-51　二次起动关机工作过程内弹道及活塞位移曲线

图 4-52 为发动机二次工作后喷管喉部沉积图,明显可以看出喷管喉部型面上有一层碳沉积物。从两次工作过程活塞位移曲线可以看出,第一次工作过程中活塞位移整体趋势比较平稳,但在后期阶段也出现了轻微的曲折振荡。第二次工作过程初期阶段活塞位移走势平稳,但在后期活塞运动速度明显变得缓慢。试验后拆完发动机观察到粉末离散器出口凝相产物沉积严重,如图 4-53 所示,造成粉末流化出口通道严重堵塞,粉末流通不畅,导致发动机第二次工作过程末期粉末质量流率偏移设计点,活塞运动不正常,甚至趋于停滞。

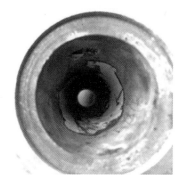

图 4-52　二次工作后喷管喉部沉积

图 4-53　粉末离散器出口沉积

从上述结果分析看来,旋流气滞后 2 s 进入燃烧室有利于提高发动机点火的稳定性。与此同时,发动机存在燃烧室头部沉积堵塞粉末流化出口,导致活塞运动失常的问题,从而对发动机长时间稳定工作造成不利影响。因此,在后期的研究工作中,应当寻求更好的办法来优化发动机燃烧组织方式,从而在保证发动机持续稳定可靠工作的基础上实现发动机多次起动和关机工作。

4.8.2.2　推力调节

(1)推力调节方案设计

在上节 Mg/CO_2 粉末火箭发动机多次启动实现系统的基础上,将气固两相阀换为气固两相流量调节阀,搭建 Mg/CO_2 粉末火箭发动机推力调节试验系统,试验系统主要由试验发动机及相关附属部件、发动机试验台架、试验控制系统、测试系统和气路系统组成,如图 4-54 所示。与 Al/AP 粉末火箭发动机推力调节试验系统相比,Mg/CO₂ 粉末火箭发动机的推力调节通过流量调节阀改变 Mg 粉燃料的通流面积,以实现对 Mg 粉燃料质量流率的调节。

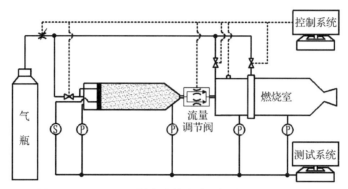

图 4-54　Mg/CO₂ 粉末火箭发动机推力调节试验系统

(2)发动机推力调节工作参数设计

针对推力调节试验,分别设计小推力和大推力试验工况。表 4-34 为发动机设计工作参数,设计参数通过理论计算和工程经验得出,与实际点火试验参数可能存在一定偏差。

表 4-34　粉末火箭发动机设计工作参数

设计参数	小推力状态	大推力状态
粉末质量流率/(g·s⁻¹)	5	24
粉末氧燃比(O/F)	5	
喷管喉径/mm	8	
燃烧室工作压力/MPa	0.4	2.0
理论特征速度/(m·s⁻¹)	902.6	886.0
特征速度效率/(%)	70	

(3)推力调节点火试验结果及分析

1)推力调节试验结果。推力调节低转高及低转高再转低试验均实现了发动机的自持稳定燃烧。其中,低转高工况工作 12 s,图 4-55 所示为试验中拍摄到的羽流,可以看出火焰饱满而有刚性。低转高再转低工况工作 18 s,图 4-56 所示为发动机不同工作阶段的羽流情况。

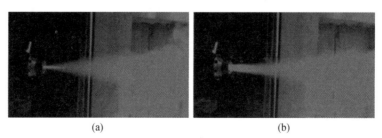

(a)　　　　　　　　　　(b)

图 4-55　低转高试验中所拍摄到的羽流

(a)低压段;(b)高压段

(a)　　　　　　　　　　　(b)　　　　　　　　　　　(c)

图 4 - 56　低转高再转低试验中所拍摄到的羽流情况
(a)低压段；(b)高压段；(c)低压段

在两次推力调节试验中,发动机均出现了一定程度的凝相沉积现象,图 4 - 57(a)为燃烧室头部,图 4 - 57(b)为燃烧室中段,图 4 - 57(c)为喷管收缩段。其中燃烧室头部为块状沉积,这是因为由燃烧室头部喷注进入燃烧室的 Mg 粉要经历加热升温过程,而 CO_2 是分多次进入燃烧室的,因此燃烧室头部会形成富燃环境,部分来不及完全燃烧的 Mg 颗粒会撞击燃烧室壁面并最终形成沉积。燃烧室中段和喷管收缩段则是层状的沉积,且上层为 MgO,下层为 C。这是因为在 Mg/CO_2 发动机燃烧室中,Mg 与 CO_2 的燃烧过程主要发生均相化学反应 $Mg(g)+CO_2(g)\longrightarrow MgO(s)+CO(g)$ 和异相化学反应 $Mg(g)+CO(g)\longrightarrow MgO(s)+C(s)$。其中,均相化学反应发生在距 Mg 液滴表面一定距离的 Mg 蒸气处,异相化学反应则发生在 Mg 液滴表面,均相化学反应速率受到 Mg 液滴的蒸发速率控制,异相反应速率则主要由液滴与环境的热力学过程控制。研究表明,当 CO_2/CO 气氛中 CO 浓度低于 20% 并且环境温度大于 2 000 K 时,可获得较好的燃烧特性,在燃烧室中心区域,燃气温度高,有利于均相反应的发生,燃烧室壁面温度则相对较低,此处主要发生异相反应,最终形成如图 4 - 57 所示的沉积现象。

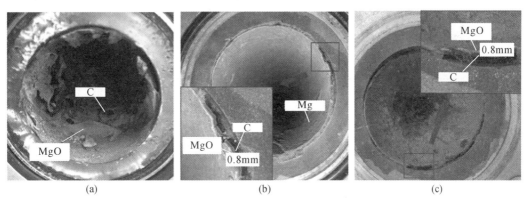

(a)　　　　　　　　　　　(b)　　　　　　　　　　　(c)

图 4 - 57　推力调节试验中燃烧室内沉积情况
(a)燃烧室头部；(b)燃烧室中段；(c)喷管收缩段

2)推力低转高试验内弹道分析。Mg/CO_2 粉末火箭发动机推力调节点火试验内弹道曲线如图 4 - 58 所示。

取发动机工作相对稳定阶段作为计算区间,在小推力稳定工作阶段,燃烧室压力为 $0.19\sim 0.27$ MPa,在大推力稳定工作阶段,燃烧室压力为 1.84 MPa,工作过程中喷管喉部并无明显沉积,根据推力公式可得推力调节比为 $11.7\sim 15.7$。

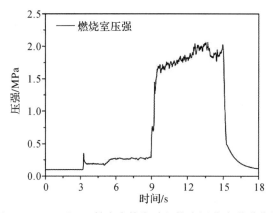

图 4-58 Mg/CO₂ 粉末火箭发动机推力调节内弹道曲线

喷管推力可由计算获得,具体数据见表 4-35。

表 4-35 推力调节计算参数(一)

参数	小推力阶段		大推力阶段
	(3～5 s)	(5～9 s)	(9～15 s)
Mg 流量/(g·s⁻¹)	5.10	5.10	23.05
CO₂ 流量/(g·s⁻¹)	18.89	25.26	122.87
平均工作压力/MPa	0.187 7	0.270 2	1.837 9
理论特征速度/(m·s⁻¹)	966.1	902.6	886.0
实际特征速度/(m·s⁻¹)	393.23	447.40	633.10
计算推力/N	8.68	11.66	135.91
燃烧效率/(%)	40.71	49.57	71.46

3)推力低转高转低实验。取发动机工作相对稳定阶段作为计算区间,第一阶段的小推力稳定工作燃烧室压力为 0.13～0.24 MPa,第二阶段的大推力稳定工作燃烧室压力为 1.64 MPa,第三阶段的小推力稳定工作燃烧室压力为 0.56 MPa,工作过程中喷管喉部并无明显沉积。根据推力公式可得低转高阶段的推力调节比为 11.0～22.1,高转低的推力调节比为 7.4。计算结果见表 4-36。

表 4-36 推力调节计算参数(二)

参数	小推力阶段		大推力阶段	小推力阶段
	(3～5 s)	(5～9 s)	(9～15s)	(15～21 s)
Mg 流量/(g·s⁻¹)	5.10	5.10	32.92	9.14
CO₂ 流量/(g·s⁻¹)	18.89	25.26	122.87	25.26
平均工作压力/MPa	0.125 4	0.242 7	1.639 3	0.560 1
理论特征速度/(m·s⁻¹)	966.0	902.6	964.5	1 020.5

续表

参数	小推力阶段		大推力阶段 (9~15s)	小推力阶段 (15~21 s)
	(3~5 s)	(5~9 s)		
实际特征速度/(m·s^{-1})	262.77	401.90	528.91	818.42
计算推力/N	5.65	11.36	124.90	16.97
燃烧效率/(%)	27.21	44.53	54.84	80.20

第5章　凝胶推进剂火箭发动机

顾名思义,凝胶推进剂火箭发动机使用凝胶推进剂,通过凝胶推进剂发生燃烧反应产生推力。凝胶推进剂起源于美国人提出的"添加固相颗粒的液体燃料"这一概念。经过一系列的演变和发展,现代的凝胶推进剂可以描述为:用少量凝胶剂将一定量的液体组分凝胶化,同时添加一定量的固体燃料悬浮于体系中,形成具有一定结构和特定性能,并能长期保持稳定的凝胶体系。从性能上讲,一方面,由于凝胶推进剂的燃料一般会添加金属或其他有机凝胶剂,能量密度得以提高,从而可以提高发动机的质量比冲。另一方面,推进剂由于由液体变为凝胶态,储存性能大大改善,可以避免泄漏、水击和晃动等问题。

从理论上说,凝胶推进剂火箭发动机既可以像固体火箭发动机一样长期储存和运输,从而满足导弹快速启用的要求,又可以像液体火箭发动机一样进行推力调节和多次起动,以满足导弹机动飞行时的弹道要求。因此,凝胶推进剂火箭发动机能够满足当代推进系统的能量管理要求。

可以认为,凝胶火箭发动机是由液体火箭发动机演变而来的,两者存在明显的继承性。例如,根据氧化剂和燃料是否分开储存,凝胶火箭发动机主要分为单组元凝胶发动机和双组元凝胶发动机。但是,由于凝胶推进剂的特殊性,凝胶火箭发动机在系统组成及功能、推进剂喷注方法和推力调节方法等方面与液体火箭发动机存在着一定的差异。本章将重点介绍这些方面的内容。

5.1　凝胶火箭发动机工作原理

5.1.1　凝胶火箭发动机工作过程

图 5-1 所示为典型的凝胶火箭发动机的结构图。凝胶火箭发动机一般由推进剂储箱、供给管路、控制元件和电缆、喷注器以及推力室组成。凝胶火箭发动机一般采用挤压式供应系统。气体从挤压气瓶以一定的流量和压力流至推进剂储箱中,挤压活塞使凝胶推进剂按一定的流量供应至推力室中。在挤压式供应系统中,驱动活塞的方法除了有使用高压气瓶,还可以使用燃气发生器。后者主要是为了提高系统结构的紧凑程度以及长期储存和运输性能。

与液体火箭发动机类似,凝胶推进剂在燃烧室中存在雾化、蒸发、混合以及点火燃烧等过程。在喷注器的作用下,凝胶推进剂会雾化成细小的液滴,使得其蒸发和燃烧的表面积大大增加,进而使液滴能快速燃烧,提高发动机的燃烧效率。然而,相比液体推进剂,凝胶推进剂由于黏度较大,其雾化难度增加,雾化粒径增大,从而进一步降低了推进剂的蒸发和燃烧速率,影响发动机的推力和比冲。因此,实现凝胶推进剂的良好雾化是确保发动机高效燃烧的第一步,具有极其重要的意义。

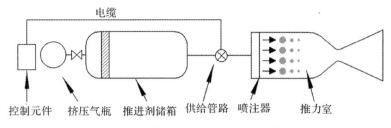

图 5 - 1　典型凝胶火箭发动机结构图

5.1.2　凝胶火箭发动机推力调节原理

凝胶发动机推力可按下式计算:

$$F = \dot{m}_\text{p} u_\text{e} + (p_\text{e} - p_\text{a}) A_\text{e} \tag{5-1}$$

式中:$\dot{m}_\text{p}$ 为推进剂的供给质量流率;A_e、u_e、p_e 分别为喷管出口面积、速度和压强;p_a 为工作环境压强。

$$\dot{m}_\text{p} = \frac{p_\text{c} A_\text{t}}{c^*} \tag{5-2}$$

$$c^* = \frac{1}{\Gamma} \sqrt{RT_\text{f}} \tag{5-3}$$

$$u_\text{e} = \sqrt{\frac{2\gamma}{\gamma-1} RT_\text{f} \left[1 - \left(\frac{p_\text{e}}{p_\text{c}} \right)^{\frac{\gamma-1}{\gamma}} \right]} \tag{5-4}$$

将式(5 - 2)～式(5 - 4)代入式(5 - 1),可得发动机推力的另一种表达形式,得

$$\frac{A_\text{e}}{A_\text{t}} = \frac{\left(\frac{2}{\gamma+1} \right)^{\frac{1}{\gamma-1}} \sqrt{\frac{\gamma-1}{\gamma+1}}}{\sqrt{\left(\frac{p_\text{e}}{p_\text{c}} \right)^{\frac{2}{\gamma}} - \left(\frac{p_\text{e}}{p_\text{c}} \right)^{\frac{\gamma+1}{\gamma}}}} \tag{5-5}$$

$$F = C_\text{F} p_\text{c} A_\text{t} \tag{5-6}$$

其中,推力系数 C_F 满足

$$C_\text{F} = \Gamma \sqrt{\frac{2\gamma}{\gamma-1} \left[1 - \left(\frac{p_\text{e}}{p_\text{c}} \right)^{\frac{\gamma-1}{\gamma}} \right]} + \frac{A_\text{e}}{A_\text{t}} \left(\frac{p_\text{e}}{p_\text{c}} - \frac{p_\text{a}}{p_\text{c}} \right) \tag{5-7}$$

根据发动机工作实际情况,可以进行如下合理假设:

1)喷管喉部面积 A_t 和出口面积 A_e 保持不变,而且工作过程中喷管不发生流动分离现象;

2)在氧燃比不变的条件下,认为燃烧室压力 p_c 不影响推进剂的燃烧和燃烧效率,绝热燃烧温度 T_f、气体常数 R 和比热比 k 均不随燃烧室压力发生变化。

由式(5 - 2)可知,燃烧室压强 p_c 和推进剂的质量流量 $\dot{m}_\text{p}$ 成正比。由式(5 - 5)可知,由于喷管扩张面积比 A_e/A_t 不变,喷管的膨胀压强比 p_e/p_c 将不会发生变化。因此,出口压强 p_e 也与总质量流量 $\dot{m}_\text{p}$ 成正比。由式(5 - 7)可知,推力系数 C_F 的第一项不随燃烧室压力发生变化,第二项会随燃烧室压力的增大略微增加。由上述分析可知,发动机的推力 F 将随推进剂

质量流量 $\dot{m}_p$ 增大而增大。

实际上,相比液体推进剂,目前凝胶推进剂雾化性能还较差,液滴直径还相对较大,再加上凝胶推进剂中一般会加入金属颗粒,因此凝胶火箭发动机的特征速度和燃烧效率不仅相对较低,而且实际特征速度还会随着燃烧室压力的变化而发生变化。根据经典液滴蒸发燃烧理论,一般液滴的燃烧时间随燃烧室压力的增加而减小,燃烧室压力增加到一定程度后液滴的燃烧时间将不再发生变化。因此,在氧燃比不变并且燃烧组织合适的条件下,推进剂流量越大,燃烧室压力越高,推进剂燃烧越充分,绝热燃烧温度越高,实际特征速度越大。因此,燃烧室压力随推进剂流量增加而增大,且增长速度是非线性的,略高于线性增长速度。

工程上还可以通过调节氧化剂或燃料的质量流量来调节氧燃比,进而调节发动机推力。然而,这种方法会使得特征速度变化很大,燃烧室压力和推进剂总质量流量的变化关系是非线性的,因此往往需要通过闭环负反馈的方法来实现对推力的精确调节和控制。由于这种方法仅需要对一路供给系统进行流量调节,管路系统会大大简化。综上,这两种推力调节方法各有优劣,应该视具体情况而选择。

5.2　凝胶火箭发动机的系统组成及功能

根据推进剂燃料和氧化剂是否分开储存,凝胶推进剂火箭发动机可分为单组元凝胶火箭发动机和双组元凝胶火箭发动机。单组元凝胶火箭发动机的供给系统和喷注器结构比较简单,但可能存在回火的问题。双组元凝胶火箭的供给系统和喷注器结构要复杂得多,但由于可以借鉴液体火箭发动机的系统结构、喷注和燃烧组织方法,并且避免了回火问题,因此双组元凝胶火箭发动机也具有巨大的应用价值。

5.2.1　单组元凝胶火箭发动机的系统组成及功能

基于单组元凝胶推进剂的安全性问题,目前应用于凝胶火箭发动机中的最为成功的凝胶推进剂是肼-硝酸肼-水三体系。其中,肼的质量分数最大,约占 70%,硝酸肼约占 20%,水约占 10%。该体系不仅冰点低,具有良好的低温起动特性,还具有比冲较高、结构简单的优点。其最大的缺点是有毒,而且相比常见的双组元凝胶推进剂,单组元凝胶推进剂的比冲性能还是偏低。为了提高单组元凝胶推进剂的分解速度,一般需要催化剂(床)进行催化。

如图 5-2 所示,单组元凝胶发动机结构比较简单,可分为推进剂供应系统(包括挤压气瓶、储箱、控制阀及相关管路)、喷注器、燃烧室、喷管与催化床等几个部分。

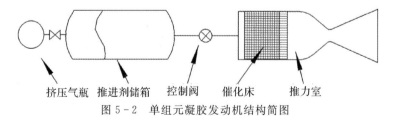

挤压气瓶　推进剂储箱　控制阀　催化床　推力室

图 5-2　单组元凝胶发动机结构简图

单组元肼-硝酸肼凝胶火箭发动机多用于微、小型推力发动机,因此一般都采用挤压式输送系统。挤压式输送系统又分为落压系统和恒压系统两种。恒压系统采用减压阀节流,工作过程中供应压力(即储箱压力)保持不变。因此,在其他条件不变时,推进剂流量、燃烧室压力及推力为常数。落压系统没有减压阀,供应压力等于储箱内气体压力。在落压系统工作过程中,随着推进剂的减少,储箱内气体容积逐渐增大,气体产生绝热膨胀使气体温度及压力下降。因此,推进剂流量、燃烧室压力及推力均随发动机工作时间的增加而减小。由于落压式系统不需要气瓶对储箱进行增压,其系统结构比恒压式要简单,系统质量要小,但发动机的工作流量会随时间而发生变化。

对于恒压式推进剂供给系统,挤压气体一般使用 He 和 N_2。由于 He 相对分子质量较 N_2 小,在相同条件下,挤压 1 m^3 的推进剂需要的 He 质量仅为 N_2 的 1/7。故选用 He 作挤压气体可减轻系统质量。另一个优点是 He 经减压阀节流后,温度反而升高,节流到同样压力需要的 He 比 N_2 少,同时 He 冰点低,宜用于挤压低温推进剂。

储箱是储存推进剂的容器。设计储箱最基本的要求是在失重条件下能保证推进剂正常输入推力室内。单组元催化分解发动机系统使用的有活塞式、膜盒式、金属隔膜式、非金属隔膜式和胶囊式等,如图 5-3 所示。胶囊式储箱因结构简单、工作可靠等优点,得到了比较广泛的应用。

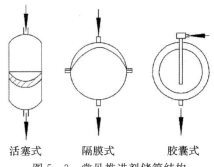

活塞式　　　隔膜式　　　胶囊式

图 5-3　常见推进剂储箱结构

喷注器的功能是将推进剂喷入燃烧室,使推进剂发生雾化,并进行高效的掺混和燃烧。此外,喷注器还能提供良好的热防护,从而提高燃烧室结构部件的使用寿命。喷注器的性能会影响燃烧室的工作寿命、起动性能、效率及工作稳定性,可以说燃烧室的性能在很大程度上取决于喷注器的质量。因此,喷注器是燃烧室组件中一个十分重要的元件。对于小推力的姿控发动机,由于推力室尺寸有限,其喷注器往往只有一个喷注单元。凝胶发动机常使用的喷注单元主要有两股或多股撞击式喷注单元和同轴离心式喷注单元。

燃烧室为燃料蒸发到完全燃烧提供适当空间,使燃料充分燃烧产生大量高温、高压、低分子量的气体。燃烧室设计须考虑以下因素:燃烧室长度、内径、壁厚与材质等。在单组元肼-硝酸肼凝胶火箭发动机的燃烧室中,还存在催化剂床。在催化剂床的设计中,主要是确定床的直径和长度,目前很大程度上靠经验和试验研究。

喷管的主要作用是将燃烧室中产生的燃烧产物的热能转化为动能,从而提高发动机所需要的推力。根据其任务需求发展出许多种类型,其中,渐缩-渐扩式的拉瓦尔喷管为最常采用的类型,设计重点在于喉部面积及喷管出口面积。喉部直径与燃烧室压力有直接关系,过大的喉部直径将导致燃烧室压力降低,进而降低发动机效能。喷管出口面积与发动机使用的环境压力有密切关系,过大或过小的出口面积会导致流体过度扩张或扩张不足,大幅降低喷管效率。此外,由于凝胶推进剂中一般含有金属颗粒,因此设计喷管时还需要考虑两相流损失。

在单组元肼-硝酸肼凝胶火箭发动机中,催化剂有着非常重要的作用。催化剂是一种能改变化学反应速度,但本身不参加反应的物质。催化剂与反应物处在同一相的,如均是固相或者液相,称为均相反应,不在同相内的叫多相催化反应。一般多相催化反应中反应物为液相,催化剂为固相。单组元催化分解的反应属于多相催化。催化剂可根据反应速度分类:一是自发催化剂,不需要外加能源,在环境温度下接触推进剂就能立即分解达到性能指标;另一种为非自发催化剂,需要一个较高的温度才能反应。在常温无外加能源下,不能迅速分解,但一旦开始催化分解之后,由于肼类分解会放出大量的热量,这种催化剂的活性就能一直维持下去,使得催化反应持续进行。目前,比较常用的肼类分解催化剂有 1964 年美国希尔化学公司研制的希尔 405 催化剂、我国大连化学物理研究所研制的自发型催化剂(812 催化剂)和非自发型催化剂(814 催化剂)。

5.2.2　双组元凝胶火箭发动机的系统组成与功能

图 5 - 4 所示为 O_2/RP1 -纳米 Al 凝胶发动机地面试验系统。在地面试验中使用气氧来代替液氧,可以使得氧化剂供给系统结构相对简单,操作安全性较好。燃料采用 RP1 -纳米 Al 粉凝胶燃料体系,通过向烃类燃料 RP1 中添加纳米 Al 粉和少量凝胶剂 SiO_2 制成。

如图 5 - 4 所示,双组元凝胶发动机系统主要分为凝胶推进剂储箱、高压 N_2 气瓶、高压 O_2 气瓶、凝胶推进剂供应系统、吹除系统、喷注器、燃烧室和喷管等。

如图 5 - 4 所示,凝胶推进剂供应系统为挤压式供应系统。系统使用高压 N_2 作为驱动能源,通过活塞挤压凝胶燃料,使其以一定的流量流经下游管路、单向阀和限流元件,最终在喷注器的作用下喷入燃烧室。为了实现挤压气体的压力平衡和流量匹配,一方面,通过电动机调节减压阀开度,从而控制减压阀的阀后压力,另一方面,通过气动球阀控制挤压 N_2 的通断。

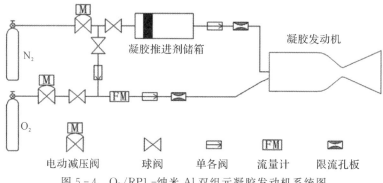

图 5 - 4　O_2/RP1 -纳米 Al 双组元凝胶发动机系统图

O_2 供应系统结构相对简单,O_2 从 O_2 瓶流出,经减压阀、球阀、流量计、单向阀和节流元件后通过喷注器喷入燃烧室。由于 O_2 相对比较危险,需要连接吹除系统。吹除系统的主要功能有:①发动机工作完成之后,将发动机吹除,保护发动机;②发动机工作完成之后,将 O_2 供应管路中残余的 O_2 吹除,避免发生危险;③发动机工作完成之后,将管路中残余的高压 N_2 排净。

双组元凝胶火箭发动机喷注器在功能上与液体火箭发动机类似,旨在实现推进剂氧化剂组元和燃料组元各自的有效雾化和高效掺混。由于凝胶推进剂流变特性与液体推进剂有着明显的不同,对其雾化性能的研究还需要进一步完善。

此外,一般凝胶推进剂中都会添加金属燃料,特别是金属 Al 粉,在燃烧室中往往会出现燃烧不完全的现象,再加上喷管的两相流损失,会造成凝胶推进剂的实际比冲性能低于理论值。因此,对于燃烧组织、燃烧室设计和喷管设计,还需要进一步研究,以进行改进。

5.3　凝胶推进剂

凝胶推进剂的思想来源于在液体推进剂中添加亚微米级的金属颗粒,但在早期的研究中,这种金属悬浮液由于无法长期维持悬浮形态,并未得到有效的应用。直至 1970 年,Glassman 和 Sawyer 提出在悬浮液中添加凝胶剂,以改变其内部结构,从而使得加入的金属颗粒不发生沉降。在随后的几十年中,美国、德国、以色列、印度、日本等国陆续对煤油、硝基甲烷、MMH、N_2H_4、UDMH 等燃料和 N_2O_4、IRFNA 等氧化剂,进行了包括凝胶生成、制备工艺、流变特性、雾化特性、燃烧特性以及安全性能等方面的研究工作。近期还进行了在烃类燃料中加入铝、镁、铍、硼和碳等添加物的研究,获得了突破性的进展,有望提高上面级液体火箭发动机的性能,增加冲压发动机的推力及飞行距离。

5.3.1　组成组分

经过多年的发展,凝胶推进剂最终形成了液体推进剂、高热值或高能添加剂和凝胶剂的凝胶体系。目前比较成熟的凝胶体系主要有:偏二甲肼(UDMH)/四氧化二氮(NTO)双组元凝胶推进剂、偏二甲肼(UDMH)-甲基纤维素/红烟硝酸- Na_2SiO_3 双组元凝胶推进剂、一甲基肼(MMH)/Al/抑制红烟硝酸(IRFNA)双组元凝胶推进剂、一甲基肼(MMH)/Al/四氧化二氮(NTO)双组元凝胶推进剂、A-50/Al 燃料凝胶体系、H_2/Al 燃料凝胶体系、RP-1/Al 燃料凝胶体系和肼-硝酸肼-水三体系单组元凝胶推进剂。一般燃料可通过添加合适的凝胶剂或者金属粉末来制备凝胶燃料,而对于氧化剂,由于其氧化性极强,可选用的凝胶剂少之又少。实践中,四氧化二氮(NTO)和抑制红烟硝酸(IRFNA)的凝胶化一般通过添加无机硅盐颗粒、二氧化硅、五氧化二磷或者有机硅高分子材料凝胶剂来实现凝胶化,液氧一般难以通过添加凝胶剂形成凝胶,但近年来有通过添加二氧化硅、三氧化二铝实现凝胶化的尝试,但还没有足够的证据证明其长期有效性。具体配方见表 5-1。

表 5-1　常见的凝胶推进剂配方

推进剂		凝胶剂	添加剂
凝胶燃料	肼(N_2H_4)	聚羧乙烯 硅胶 硫酸化半乳糖聚合物(<2.5%) 果胶(6%) 黄原胶(2%)	铝(0%～40%)
	偏二甲肼(UDMH)	甲基纤维素(4.48%) 羟乙基纤维素(5.57%) 羟甲基纤维素(7%) 乙基纤维素(6.40%) 琼脂(0.64%～12%) 二氧化硅(5%)	铝(5%～40%) 镁(5%～40%)

续表

推进剂		凝胶剂	添加剂
凝胶燃料	一甲基肼(MMH)	二氧化硅(～5%) 羟丙基纤维素 纤维素(<5%) 羟乙基纤维素(7%) 羟丙基纤维素(1.4%)	铝(<60%) 铝(0%～40%) 铝(60%),二甲基尿素(0.1%)
	肼/偏二甲肼(4:1)	羟甲基纤维素	铝(10%～30%),铍,硼
	肼/一甲基肼/偏二甲肼	羟乙基纤维素(<1%) 纤维素乙酸酯(<5%)	
	肼(<25%) 硝酸肼(<58%)	刺槐豆胶(<1.5%)	铍(16%) 氧化铬(<2%)
	MHF-3,MHF-5 MGGP-1	黄原胶(1%～5%) 羟乙基纤维素(<0.5%)	铝(0%～80%) 锆(<70%)
	氢气	硅烷偶联剂	铝(60%)
	航天煤油(碳氢燃料)	二氧化硅(3.5%～6.5%)	铝(0%～55%)
	挂式四氢双环戊二烯	纤维素化合物 聚乙烯的共聚物	碳化硼,铝(55%～60%)
	煤油	有机复合黏土 丙二醇(6%～7%)	铝(30%～40%)
凝胶氧化剂	抑制红烟硝酸	二氧化硅(3%～4.5%), 五氧化二磷(0.5%～3%)	硝酸锂(28%) 铪
	红色发烟硝酸	硅酸钠(4.25%) 硅胶(4%)	高氯酸铵(0%～30%)
	五氟化氯	二氧化硅	
	过氧化氢	二氧化硅(3.5%)	碳化硼(19.3%)
	液态氧	二氧化硅(2%～3%) 氧化铝	铝,镁(29%～35%) 硅(33%)
	硝化三乙二醇/三羟甲基 乙烷三硝酸酯双氧水 硝酸/硝酸铵	二氧化硅(1%～2%)	高氯酸按(35%)/ 硝酸铵和铝(25%) 铝(40%) 水

续表

推进剂		凝胶剂	添加剂
单组元凝胶推进剂	联氨(57.5%) 抑制红烟硝酸	硅胶(2.5%~3%)	高氯酸按(40%) 铝(23%)
	联氨(40%)	硅胶(3%)	铍(15.3%),硝酸连二胺(25%)
	联氨(30.8%)	硅胶(3%)	铍(17%),HN(18%),水(25%)
	联氨(30%~50%)	聚丙烯酰胺(2%~5%)	高氯酸肼(30%~50%) 铝(10%~25%)
	高氯酸钠 羟基磷灰石(10%~40%)	硅胶(2.9%,5%)	硼(12%,33%) 水(33%,12%)
	硝酸乙酯(40%) 丙基硝酸(40%)	乙基纤维素(3%)	聚乙二醇(18.6%)
	四氧化二氮(74%)	二氧化硅(1.5%)	碳化硼(<25%)
	非抑制红烟硝酸 (76%)	碳(3.5%)	碳化硼(<21%),碳(3.5%)

　　为了提高推进剂的能量密度,凝胶推进剂中除了添加凝胶剂外,还会添加固体粉末燃料(如 Al、Mg、B、Be、C、B_4C 等)或者粉末氧化剂(如 AP、AN、$LiNO_3$ 等),固体粉末燃料或者粉末氧化剂的质量分数均较大,为 30%~60%,甚至最高可达 80%。因此,粉末颗粒的燃烧性能和燃烧效率对凝胶发动机的工作性能具有较大的影响。

5.3.2　流变性能

　　双组元凝胶推进剂属于高黏性牛顿假塑性流体,是一种既有黏性又有弹性的黏弹材料。凝胶推进剂的流变性对其雾化性和燃烧性具有决定性作用,凝胶的流变特性对不同类型凝胶推进剂的生产和储存、火箭发动机的装药以及整个发动机系统的设计极为重要。

　　研究人员常用本构方程描述凝胶推进剂的流变特性,该方程反映了剪切黏度(η)与剪切速率(γ)之间的关系,不同类型凝胶推进剂具有不同的本构方程。常见模型有 P-L 模型、HB 模型和 HBE 模型,其区别见表 5-2。其中,P-L 模型形式简单且对于大部分凝胶推进剂有足够的精度,所以使用最为广泛。

表 5-2　常见描述流变性能的物理模型比较

模型	本构方程	优点	缺点
P-L 模型	$\eta = k\gamma^{n-1}$	该方程与中等剪切速率下测量的剪切黏度值符合得很好,且方程结构简单,在对数坐标中,η/γ 的关系呈直线	没有描述出凝胶结构非破坏性过程中的屈服应力 τ_0 和高剪切速率下的极限剪切黏度 η_∞

续表

模型	本构方程	优点	缺点
HB 模型	$\eta=\tau_0/\gamma+k\gamma^{n-1}$	在 P-L 模型的基础上考虑了屈服应力的存在	若按此方程计算,在 $n<1$、剪切速率 γ 趋于 ∞ 时,$\eta_\infty=0$,这在物理上是不可能存在的情况
HBE 模型	$\eta=\tau_0/\gamma+k\gamma^{n-1}+\eta_\infty$	在整个剪切速率范围内都能很好地描述剪切黏度值的变化	

注:k 为黏性系数,$Pa\cdot s^n$;n 为剪切速率指数。

凝胶推进剂的流变特性主要取决于凝胶剂的种类及含量。凝胶剂含量增加将导致凝胶剪切黏度的升高,通常将两种或更多的凝胶剂配合使用以获得所需要的流变性能指数值。因此,国外对凝胶剂的选择及其配方进行了大量研究,目前发展方向是各种纳米级凝胶剂和推进剂组分的多功能化。表 5-3 为不同配方凝胶推进剂的流变性能。其中流变参数是基于 P-L 模型的。

表 5-3 不同凝胶推进剂的流变学特性

推进剂	黏性指数 $k/(Pa\cdot s^n)$	剪切速率指数 $/n$	剪切速率 $/s^{-1}$
水凝胶(配方 1)	4.33	0.49	100~50 000
水凝胶(配方 2)	20~130	0.27~0.42	0.001~2 000
水凝胶(配方 3)	17~19	0.41	1~300
航天煤油(碳氢燃料)	13.5	0.47	1~300
乙烷/丙烷	0.22,0.47	0.22	20~500
偏二甲肼	22.7~3	0.65~0.89	—
二甲基肼(30%)	4~25	0.4~0.6	20~100

凝胶推进剂的流变性能与温度、凝胶剂的种类和含量均有关。温度越高,凝胶推进剂黏性越小。图 5-5 所示为温度对凝胶推进剂流变性能的影响。

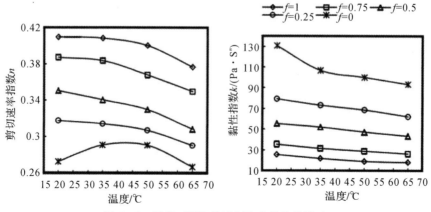

图 5-5 温度对凝胶推进剂流变性能的影响

使用的凝胶剂由 A 和 B 两种不同的组分按一定比例混合而成,保持凝胶剂占推进剂总质量的百分比不变(为 1%),而改变 A 组分占凝胶剂的质量分数 f,形成了五种不同的凝胶剂配方,对应的质量分数 f 分别为 1、0.75、0.5、0.25 和 0。总体来说,凝胶推进剂的黏性系数 k 和剪切速率指数 n 随着温度上升而渐缓减小。但当组分 A 的质量分数 f 为 1 时,剪切速率指数 n 呈现先增大后减小的趋势。

5.3.3 雾化性能

雾化是指射流将液膜破碎成液滴的物理现象。目前常采用喷雾角、喷嘴的破碎长度、喷雾细度和雾化均匀性表征凝胶推进剂的雾化性能。影响雾化性能的主要因素有:喷嘴结构参数和工作参数决定的喷嘴内流动特性、环境气体参数、凝胶推进剂物性参数(如黏性、表面张力等)。研究凝胶推进剂雾化性能的喷注器主要有双股撞击式喷注器、三股撞击气动式喷注器和同轴旋流式喷注器等,其区别见表 5-4。

表 5-4 常见研究雾化性能的喷注器比较

名称	结构示意图	原理	优缺点
双股撞击式喷注器	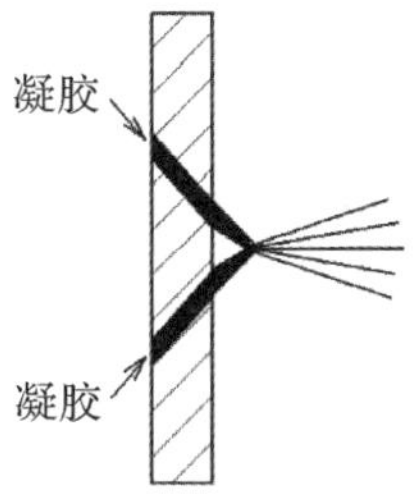	利用射流的动能实现液柱的破碎	具有响应快、能迅速混合和燃烧、易于制造等优点,但对于制造公差敏感,一般来说,大的撞击角可产生好的雾化和混合效果
三股撞击气动式喷注器	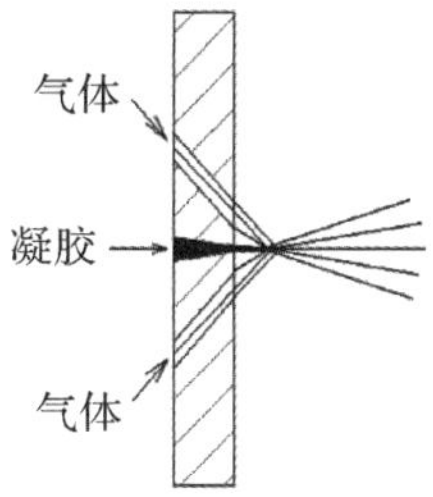	利用射流的动能实现液柱的破碎	通过增加雾化流体和周围气体的相对速度,该喷注器只需在较低的压力下即可达到良好的雾化效果
同轴旋流式喷注器	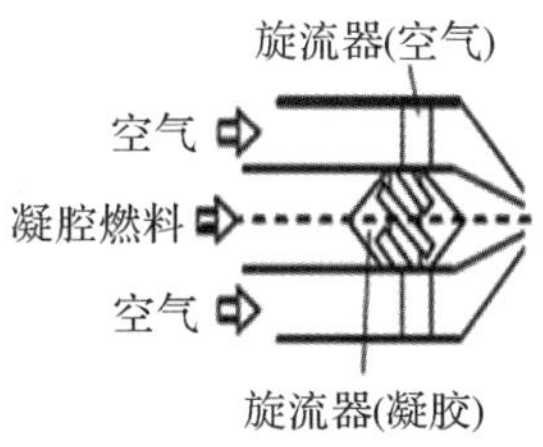	利用同轴收敛的外部高速气流与内部凝胶射流撞击使其破碎	具有良好的雾化和混合特性,能够满足大范围内负荷调节下的雾化质量要求

对于双组元凝胶推进剂,同液体推进剂一样,发动机的燃烧效率与喷射到燃烧室内的推进剂雾化性能密切相关。由于双组元凝胶推进剂是非牛顿流体,所以其雾化效果与液体推进剂不同,难以获得均匀的雾化效果,凝胶体的喷雾场主要是液膜和液丝,如图 5-6 所示。

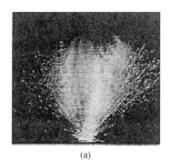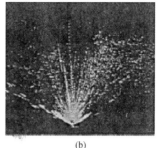

(a)　　　　　　　　　　　　　(b)

图 5-6　液体推进剂和水凝胶推进剂的三股互击式喷注性能对比

(a)液体推进剂;(b)水凝胶推进剂

通过雾化性能可以预测凝胶推进剂的燃烧性能,因此在国内外凝胶推进剂发动机研究中,雾化研究占据着相当重要的地位。目前雾化方面的最新研究进展是采用由美国陆军 AM-COM 开发的同轴旋流式喷注器,获得了非常好的性能测试数据,使 MMH/C/IRFNA 凝胶系的比冲效率达 95% 以上。

图 5-7 所示为凝胶推进剂采用表 5-4 中三股撞击气动式喷注器喷注时雾化粒径 SMD 随 K 的变化曲线,其中 K 为气液比 ALR 的函数,即 $K=(1+1/\text{ALR})^4$。由图 5-7 可知,雾化粒径 SMD 随 K 的增加呈线性增长。根据凝胶推进剂的流变学性能可知,流速越大,凝胶推进剂黏性越小,因此喷注孔设计成收敛型,可以减小出口处凝胶推进剂的黏性,从而改善其雾化性能。图 5-8 所示为不同凝胶剂质量分数和不同喷嘴收敛角 α 条件下雾化粒径 SMD 随流量的变化曲线。由图可知,凝胶剂含量对凝胶推进剂雾化粒径的影响十分明显,凝胶剂含量越高,雾化粒径越大。而收敛角对雾化粒径影响比较微弱,喷注孔的收敛角为 30° 时比 2° 时雾化粒径略微减小。

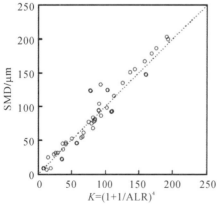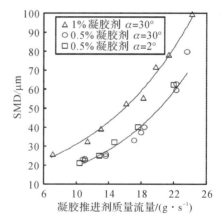

图 5-7　三组元喷嘴的雾化粒径　　　图 5-8　雾化粒径 SMD

SMD 随 K 值变化曲线　　　　　　随流量变化曲线

5.3.4　燃烧性能

双组元凝胶推进剂的工作方式与液体推进剂相同,都要经过喷注雾化、在燃烧室燃烧等过程,因此凝胶推进剂的燃烧过程属于液滴燃烧的范畴,但由于凝胶剂和(非)金属颗粒的存在,凝胶推进剂的燃烧特性与液体推进剂相比有较大的差异。

凝胶剂一般均为可燃的有机物,因此非金属化凝胶推进剂的燃烧和液滴燃烧比较接近,颗粒粒径逐渐减小直至最终消失。大量的理论和实验表明,非金属化凝胶推进剂液滴的燃烧时间 t_b 满足 d^2 定律,并且液滴燃烧由扩散控制。

d^2 定律指出了液滴的燃烧时间 t_b 和液滴的初始平方直径 d_0^2 之间的关系,并且在扩散控制的液滴燃烧中是有效的。d^2 定律可以描述为

$$t_b = \frac{\rho_d d_0^2}{8 D \rho_g \ln(1+B)} \tag{5-8}$$

式中:ρ_d 和 ρ_g 分别是液滴密度和气体密度;D 是氧扩散系数;B 是 Spalding 数,由下式给出:

$$B = \frac{c_p(T_\infty - T_s) + H_R f_{st} m_{0,\infty}}{L_V} \tag{5-9}$$

式中:T_∞ 是环境温度;T_s 是液滴表面的温度(接近燃料沸点);H_R 是反应热;f_{st} 是燃料与氧气的化学计量比;$m_{0,\infty}$ 是环境中氧的质量分数;L_V 是汽化热。

大液滴蒸发必须加热到稳态温度 T_s,因此需要考虑加热时间对燃烧的影响。为了估计燃烧时间,一般在式(5-9)中使用有效汽化热 $L_{V,eff}$。$L_{V,eff}$ 包括将液滴温度从其初始值升高到稳态时所需的热量,并且描述如下:

$$L_{V,eff} = L_V + c_{pd}(T_s - T_d) \tag{5-10}$$

此外,还需要考虑凝胶剂对汽化热 L_V 的影响,从而通过 Spalding 数来考虑凝胶剂对燃烧时间的影响。由于凝胶剂的加入,非金属凝胶推进剂的熔化温度和汽化潜热均会高于母液,而且凝胶剂添加的质量分数越高,熔化温度一般也越高,但汽化潜热会受到凝胶剂的种类和含量的影响,具体影响规律还不是十分明确。目前,同一配方的非金属凝胶推进剂的汽化潜热只能通过实验获得。

Nachmoni 和 Natan 对非金属化 JP-5 凝胶燃料的点火和燃烧特性进行了试验研究,发现凝胶燃料的汽化热随着 JP-5 液体燃料中凝胶剂含量的增加而增加,并且燃烧速率低于纯液体,然而这些现象是非线性的。图 5-9 所示为在 2 个大气压和 50% 的氧浓度条件下,凝胶剂含量分别为 2% 和 5% 的 JP-5 燃料[分别为图 5-9(a)和 5-9(b)]的归一化燃烧时间(凝胶燃料和纯液体燃料的燃烧时间之比)的实验值、初始液滴直径与 d^2 定律理论模型的比较。其中,较低的直线为在假设 $L_{V,eff} = L_V$ 即忽略加热时间条件下燃烧时间估计值,较高的直线则为考虑加热时间条件下燃烧时间的估计值。凝胶剂含量越多,凝胶燃料的汽化潜热越高,燃烧时间越长。凝胶剂含量为 2% 的试验结果在两条直线之间,而对于凝胶剂含量为 5% 时,d^2 模型预估的燃烧时间要比试验测得的燃烧时间少,说明凝胶剂对凝胶推进剂的液滴燃烧的影响远比增大汽化潜热还要复杂,仍需要进一步研究。凝胶剂含量和环境压力对非金属化凝胶推进剂的着火和燃烧特性的影响见表 5-5。

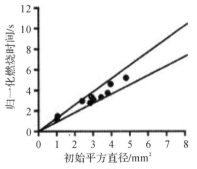
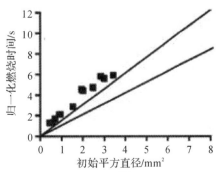

(a)　　　　　　　　　　(b)

图 5-9 非金属凝胶推进剂液滴燃烧时间与初始粒径的关系

(a)2% 凝胶剂;(b)5% 凝胶剂

表 5-5　凝胶剂含量和环境压力对非金属化凝胶推进剂着火和燃烧特性的影响

	增加凝胶剂含量	提高环境压力
点火时火焰前锋面	无明显影响	变小,向液滴表面靠近
点火延时	增加	减少
点火所需的热量	增加	减少
燃烧时液滴温度	增加	增加
燃烧速率	减少	增加
汽化热	增加	减少

当凝胶推进剂中含有金属燃料时,燃烧过程更加复杂。金属化凝胶推进剂由于添加了较多的金属颗粒,金属颗粒一般很难燃烧完全,最终形成中空的多孔性固体团块。金属化凝胶推进剂燃烧过程如图 5-10 所示。

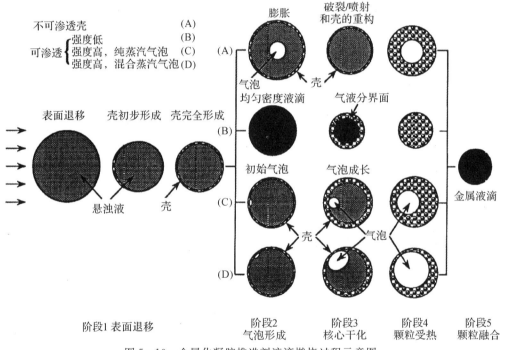

图 5-10　金属化凝胶推进剂液滴燃烧过程示意图

可用于凝胶推进剂的(非)金属燃料添加剂主要有 Mg、Al、C 和 B 等。Al 粉是一种非常有效并具有现实性的高能燃料添加剂,能显著提高体积比冲,但存在物理稳定性和燃烧效率低、燃烧不完全等问题。为解决此缺陷,美国科学家做了大量的相关研究,研究结果表明:纳米 Al 粉可以提高凝胶体系的动力学稳定性,且燃烧完全,从而提高了燃烧效率,缩短了点火延迟时间。

图 5-11 为 C/JP-10 凝胶推进剂液滴粒径平方和所含液体质量随时间的变化曲线。由图可知,含 C 的 JP-10 液滴,在直径较大的时候与纯液滴燃烧几乎一致,为液体蒸发过程,满足 d^2 定律;但当液滴直径减小到一定值后,燃烧更多地与 C 颗粒有关。当液体继续蒸发,减

小到一定值后,悬浊液滴会开始发生分裂。

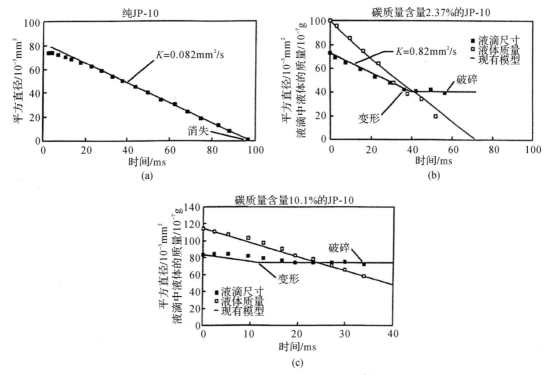

图 5-11　C/JP-10 凝胶推进剂液滴粒径平方和所含液体质量随时间的变化
(a)纯 JP-10;(b)含 2.37%C;(c)含 10.1%C

　　从上述分析可知,凝胶推进剂的流变性能、雾化性能与燃烧性能密切相关。流变性能影响雾化性能,通过流变性能分析可进一步评估流体的表面张力效应,优化工作条件及喷注器设计,进而改善雾化的均匀性,使液滴尺寸更小;雾化的程度又影响凝胶推进剂的燃烧性能,凝胶燃料雾化颗粒的大小、均匀程度及燃烧过程对凝胶推进剂的燃烧有显著的影响。从根本上讲,影响燃烧性能的关键因素应该是所使用凝胶剂的种类及含量,因此,研发新型凝胶剂(纳米化、功能化)对于凝胶推进剂的发展至关重要。

5.4　凝胶火箭发动机的关键技术及应用实例

　　凝胶火箭发动机的燃烧组织方式与液体火箭发动机类似,凝胶推进剂通过推进剂供应系统从储箱输送至燃烧室。在喷注器的作用下,完成雾化过程,以悬浊液滴的形式在燃烧室中完成蒸发、混合以及燃烧过程。但由于凝胶剂和(非)金属颗粒的存在,凝胶推进剂的黏性相比液体推进剂黏性要大得多。因此,在推进剂输运、雾化、点火和燃烧等方面均表现出一定的特殊性。

5.4.1　凝胶发动机的关键技术

(1)输送技术

与液体推进剂相比,由于凝胶推进剂的黏性更大,所以输送相同质量流量的凝胶推进剂需要的供应系统压力更大。此外,由于燃料和氧化剂均为非牛顿流体,流量的精确控制系统更加复杂,特别是燃料和氧化剂流变学特性不同的时候。同时还应考虑温度对这些流变特性的影响,特别值得注意的是管路几何形状的影响。例如,为了防止凝胶推进剂在某一区域聚集,应该要避免淤塞区域的存在。由于喷注器表面与热的燃气相互接触,凝胶中的液体组分会快速蒸发,使得点火之后不可蒸发的组分残留在凝胶集合腔中。这会使得凝胶推进剂形成坚硬的表面,甚至发生管道堵塞。出现这些状况时,为了维持流动,往往需要更大的压力。TRW公司发明了一种表面关闭型的喷注器,从而可以防止堵塞,在凝胶中含有大量的固体颗粒时也有良好的效果。

输送技术是凝胶推进剂火箭发动机实现推力调节和多次起动的关键,因此,为了保证凝胶推进剂的稳定精确供应,需要对管路和喷注器的设计以及流量调节元件进行研究。

(2)雾化技术

由于凝胶推进剂是非牛顿流体,因此雾化难度更大且雾化性能也相对较差,需要加长燃烧室的长度,致使系统质量加重。

雾化、蒸发和混合过程作为凝胶推进剂燃烧的准备过程,会极大地影响燃烧过程,加上燃烧过程,这四个过程是相互耦合,相互影响的。其中,雾化过程作为第一个过程,往往起着决定性的作用,因此使凝胶推进剂实现均匀细致的雾化是研究的重点。目前,对于雾化的研究主要以试验为主,雾化模型的建立将为凝胶发动机数值研究提供基础。

(3)燃烧组织技术

凝胶燃料液滴相比液体燃料液滴燃速更慢,此外,由于雾化效果差,凝胶发动机燃烧效率较液体火箭发动机低,更进一步说,增加凝胶剂组分会增加燃烧剩余物,并且使得发动机性能下降2%~5%。

(4)储存稳定性技术

在储存和飞行加速的过程中,一般会发生颗粒的沉降、相分离和物理性能不稳定等问题。尽管相对颗粒悬浊液,凝胶推进剂的沉降现象明显会更少,但是在加速度很大的时候,固体颗粒甚至固相凝胶剂会从液体中分离。

5.4.2 RP-1/纳米 Al 粉/O₂ 凝胶火箭发动机地面试验实例

2001年宾州州立大学和 Argonide 公司进行了气氧和含纳米 Al 粉的 RP-1 雾化悬浊液在发动机中的燃烧试验。见表5-6,试验中采用的凝胶燃料配方为:在液体燃料 RP-1 中添加不同量的凝胶剂 SiO_2、金属 Al 粉以及表面活化剂 Tween-85。

表5-6 RP-1/Alex 凝胶推进剂配方表

金属添加质量 /(%)	液体燃料 (RP-1)/(%)	金属 Al 粉/(%)	凝胶剂 (SiO_2)/(%)	表面活性剂 (Tween-85)/(%)
0	95	0	5	0
5	90	5	5	0
10	86	10	4	0
30(#1)	70	30	0	0
30(#2)	68.2	30	1.3	0.5
55	43.3	55	0.4	1.3

图 5 - 12 所示为 O_2/RP-1/nano - Al 凝胶发动机地面试验系统,凝胶推进剂供应系统使用高压 N_2 瓶挤压 RP-1/Al 凝胶燃料。高压 N_2 通过减压阀出口后压力达到设计值,通过气动球阀控制气路的开闭。图中 N_2 经过连接凝胶推进剂储箱的球阀 BV2 后进入推进剂储箱,进而驱动活塞挤压凝胶推进剂,使得凝胶推进剂经下游管路、单向阀、限流元件和喷注器喷入燃烧室。在燃烧室中,凝胶推进剂悬浊液发生雾化并与 O_2 进行掺混燃烧。

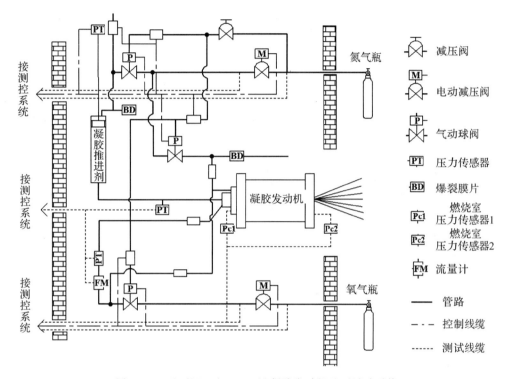

图 5 - 12　O_2/RP-1/nano - Al 凝胶发动机地面试验系统

试验采用的发动机燃烧室由高强度钢外壳、酚醛软管和石墨衬层组成。钢结构外壳长为 30.5 cm,内径为 12 cm。石墨衬层为外径 11.6 cm、内径 5.1 cm 的空心圆筒,而酚醛软管尺寸介于钢外壳和石墨衬层之间。

喷注器采用同轴式喷注器,结构如图 5 - 13 所示。中心通道为凝胶推进剂通道,直径为 0.71 mm;外部环形通道为氧气通道,内径为 1.27 mm,外径为 2.18 mm。为了获得更好的雾化效果,在凝胶推进剂通道出口设置了大约为 25° 的收敛段。试验中,凝胶推进剂的雾化角大约为 15°。

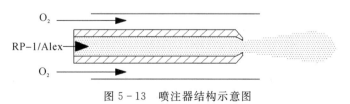

图 5 - 13　喷注器结构示意图

图 5 - 14 所示为 RP-1/纳米 Al 粉/O_2 凝胶火箭发动机的试验过程曲线。由图 5 - 14 可知,试验中先向燃烧室中供应 O_2,最终 O_2 供应的质量流率为 26 g/s;15 s 时开始供应凝胶推

进剂,挤压活塞速度为 9.57 mm/s,此时凝胶推进剂质量流率约为 12.62 g/s,氧燃比约为 2.168。根据燃烧室压强曲线可以看出,推进剂进入燃烧室瞬间被点燃,然而燃烧室压强需要一段较长时间才能上升到 1.79 MPa 的平衡压强 $p_{c,eq}$,图中在发动机停止工作后燃烧室压强又上升的原因是 N_2 吹除。

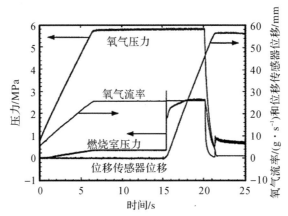

图 5-14　凝胶火箭发动机的试验过程曲线

表 5-7 的统计分析结果表明,凝胶火箭发动机的特征速度燃烧效率 η_{c*} 与 Al 颗粒的含量均有关。统计分析结果表明,Al 颗粒含量为 5% 的凝胶推进剂配方效果最佳,燃烧效率最高,甚至高于未加 Al 颗粒的 RP-1 凝胶推进剂。

表 5-7　Alex/RP-1 凝胶推进剂特征速度燃烧效率 η_{c*} 统计分析结果

凝胶配方 (Al 颗粒 含量)/(%)	平均特征 燃烧效率/(%)	$\eta_{c*,RP-1/Alex}/\eta_{c*,RP-1gel}$	RP-1/Al 与 RP-1 凝胶的 平均 η_{c*} 对比	置信水平
0	83.4+1.6	1	\	\
5	88.3+1.7	1.06+0.03	比 RP-1 凝胶好	96
10	85.4+1.8	1.02+0.03	近似相同	高于 68
30(配方#2)	82.1+2.1	0.98+0.03	近似相同	高于 68
55	83.0+2.2	1.00+0.03	近似相同	高于 68

根据 RP-1/Alex/O_2 凝胶火箭发动机试验结果,目前凝胶发动机依然存在着压强爬升慢、燃烧效率低的问题,这与推进剂的雾化特性和 Al 颗粒的燃烧有关,这些特性有待进一步研究与改善。

5.4.3　战术导弹用凝胶发动机实例

目前,凝胶推进剂火箭发动机最成功的应用案例是美国陆军航空导弹司令部(AMCOM)赞助的 TRW 公司对凝胶推进剂导弹系统的研究,并且于 1999 年 3 月 30 日完成了首次飞行试验。

为了获得结构紧凑、快速响应的凝胶推进剂系统,美国的各大研究机构对许多单项技术进行了预先研究,并取得了一定的成果,见表 5 - 8。研究主要集中在常温凝胶推进剂 CIF₃/NOTSGEL - A 和 MMH/IRFNA 两种配方推进剂的安全性、点火性能、流变性能、储存性能以及发动机可行性的验证和性能测试,这些方面的研究为 1999 年首次飞行试验的成功提供了可靠的技术支持。

表 5 - 8　凝胶系统的前期预研项目

时间	发起者	研究目标	成果
1968	NWC 公司	径向流点火器的发展	用 CIF₃/NOTSGEL - A 论证固定推力运行和重启能力
1968	NWC	先进的节流 slurry 发动机	对 CIF₃/NOTSGEL - A 进行节流调节将发动机推力从 5 000 磅①下调至 700 磅
1968—1972	美国军方	滚动隔膜罐	使用 5～15 英寸推进剂罐进行排尽试验
1985—1986	美国军方	凝胶技术项目	最初的凝胶制造和流变学研究;发动机热燃烧测试;安全、处理测试
1985—1989	McDonnell Douglas 公司	ACES - X 型凝胶发动机	设计、制造和燃烧测试完全集成的凝胶推进系统;四个 1 500 lbf 发动机、两个活塞箱、热气 SPGG 加压
1985—1989	美国军方	AGEL 型凝胶发动机	流变学研究、凝胶制造、黏结滚动隔膜槽排出;1 500 lbf 发动机设计、制造、热火表征;应用研究;长期兼容性测试
1989	NASA Lewis	金属化碳氢化合物凝胶开发	优化和表征 Al / RP-1 凝胶性能
1990—1996	美国军方	最小化烟雾危害减少计划	凝胶系统应用研究;凝胶设备硬件设计、制造;设计、制造 50 lbf 和 1 500 lbf 发动机
1993—1995	MDA 公司	第四代逃生系统	设计、制造和热燃烧测试两个一体化凝胶系统,包括四个 1 700 lbf 发动机、两个推进剂罐和一个 SPGG 热气加压系统
1993～1999	MICOM 公司	凝胶/混合推进技术计划	FMTI 推进系统的开发,交付和飞行支持;凝胶/混合系统研究;比 MMH / IRFNA 提高 10% DE1 替代高性能推进剂的开发

　　目前,最成熟的双组元凝胶推进剂配方为 MMH/IRFNA。它通过在液肼中添加固体颗粒和一定量的凝胶剂制成凝胶燃料,在发烟硝酸中添加凝胶剂形成凝胶氧化剂。根据添加物的不同,MMH/IRFNA 配方又分为表 5 - 9 中的三种。

---

①　1 磅＝0.453 6 kg。

1)含铝凝胶:由含铝 MMH 凝胶燃料和含硝酸锂发烟硝酸凝胶氧化剂组成;

2)含碳凝胶:由含碳 MMH 凝胶燃料和不含发烟硝酸凝胶氧化剂组成;

3)无烟凝胶:由不含 MMH 凝胶燃料和不含发烟硝酸凝胶氧化剂组成。

表 5 - 9　MMH/IRFNA 凝胶推进剂特征对比

凝胶类型	排名比较		推荐使用
	密度比冲	羽流的可见性	
含铝凝胶	1	高	智能弹射座椅; 助推器和导弹防御系统的上面级
含碳凝胶	2	低/中等	要求羽流信号最小的战术导弹
无烟凝胶	3	低	要求羽烟最小的战术导弹

含铝凝胶推进剂的研究最为成熟。由于添加了铝颗粒,其密度比冲大大提高,但其特征信号很强。无烟推进剂虽然密度比冲较小,但其比冲性能仅比对应的液体推进剂小一点点,这是因为,虽然凝胶剂不利于雾化和燃烧,且一般不可燃,在产物中以凝相存在,会造成两相流损失,但由于其含量较少,不会造成比冲性能的明显下降。对于动能拦截导弹,既需要高的密度比冲性能,又不可有过强的特征信号。最后,FMTI 项目选用了第二种配方,即含碳的凝胶推进剂。

凝胶推进系统和主要部件可以借鉴液体推进系统或者在其基础上进行改进,但是,凝胶推进剂由于存在凝胶剂和固体颗粒,需要特别考虑剪切速率对流动特性(也称触变特性)和温度对流变特性的影响。此外,还需考虑凝胶推进剂堵塞的问题。

传统的固定孔板、莲蓬头或者片状喷注器有可能在发动机关机后出现凝胶堵塞的现象。一个工作脉冲之后凝胶推进剂中的液体成分蒸发,在集合管路中残留不可蒸发的固体组分。特别是含有固体颗粒的凝胶推进剂,在一个或者两个脉冲之后会发生堵塞现象。如图 5 - 15 所示,由 TRW 开发的一种可闭合表面型喷注器可以通过隔离喷注器流道和燃烧室终止凝胶推进剂流动,从而避免堵塞的问题。这一技术甚至可以在含有大量固体颗粒时有效防止喷注器堵塞,并且这种喷注器可以瞬间起动,可以在极短的脉冲宽度条件下实现高效的燃烧。经验证,这种喷注器的工作性能在含铝凝胶推进剂和 0.002 s 脉冲宽度的工作条件下,可以实现发动机隔夜起动而不造成推进剂堵塞。

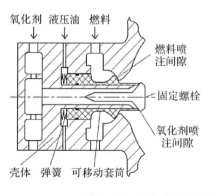
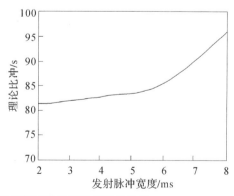

图 5 - 15　可闭合表面型喷注器结构示意图和工作性能曲线

图 5-16 为 FMTI 项目中所使用的 MMH/IRFNA 凝胶推进剂发动机系统。由图 5-16 可知,发动机结构集成度很高,可以快速响应,使凝胶发动机能适用于导弹武器系统。该系统使用了可闭合表面型喷注器,大大提高了发动机性能,节约了制造成本。此外,将推进剂储箱和挤压系统一体化,形成了低成本的活塞缸结构,有利于简化装药、检查、测试和再次使用。挤压系统使用结构紧凑的固体推进剂燃气发生器来保证发动机结构紧凑。

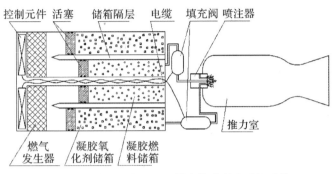

图 5-16 MMH/IRFNA 凝胶推进剂发动机系统

FMTI 飞行系统进行了直连式热点火测试,满足了所有的测试目标并且成功地实现了 45 s 任务。在测试期间,发动机进行了六次点火。第一次点火时间为 1.6 s,接下来的四次点火时间均为 300 ms,最后一次点火时间为 200 ms。挤压系统按预定的时序工作,通过预设的测试监测器发现发动机和储箱工作状态良好。由于监测器会给导弹带来额外的结构质量,因此在之后的飞行试验中将其去除了。

FMTI 的第一次飞行试验十分成功,获得了图 5-17 所示的飞行轨迹。在这次飞行试验中,并没有携带主动制导装置,而是按照预定的轨道飞行。预定飞行高度为 8 km,在 4.2 km 处实现变轨,但是这并不代表 FMTI 系统的最大飞行高度。通过使用不同的变轨方法,可以使得导弹最后达到的目标不同。

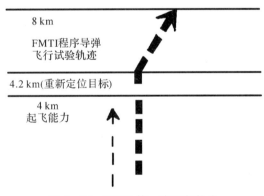

图 5-17 FMTI 第一次飞行轨迹

导弹的轨道矫正时序十分简单,飞行轨迹矫正得十分光滑。在到达 8.0 km 后,飞行 50 s 后推进系统以 200 m/s 的速度撞击地面,撞击位置偏离预定位置距离不超过 30 m,并且推进系统依然没有发生挤压气体和凝胶推进剂的泄漏。

这次飞行试验的结果可以证明,凝胶推进剂火箭发动机可以很好地满足动能拦截导弹的性能要求,多次起动效果十分完美。

第6章 膏体推进剂火箭发动机

膏体推进剂是由传统的固体推进剂改性而来的,它介于固态和液态之间,呈"牙膏"状悬浮体,具有一定的流动性、塑性、黏度和触变性等特定性能并能长期保持稳定,当其不受外力作用时可保持不流动的半固体状态,加压时则能像液体一样流动。膏体火箭发动机技术集固体火箭发动机技术和液体火箭发动机技术的优点于一身,其优势主要体现在以下几方面:

1)与液体火箭发动机相比,膏体火箭发动机结构更加简单,推进剂不易泄漏,更加安全可靠。

2)与固体火箭发动机相比,膏体火箭发动机可实现多次起动和大范围的灵活推力控制,能增强火箭武器的突防能力。

3)膏体推进剂具有非常好的可塑性,药形可任意变化,装填时能很好地黏贴到发动机的壁面上,从而能提高装填系数。

4)免去了发动机生产中的浇注、固化、脱模及药柱包覆等工序,可缩短生产周期,降低生产成本。

5)膏体推进剂具有很高的松弛性,在非均匀温度场、振动、过载和冲击等条件下可靠性高,可避免由裂纹和碰撞等因素引起的事故。

6)膏体推进剂不像固体推进剂那样有严格的力学性能限制,因此推进剂组分选择余地更大,性能调节范围更广。

7)高性能配方的膏体推进剂具有良好的长期储存稳定性,储存期可超过 10 年。

然而,膏体推进剂火箭发动机也有缺点:

1)与固体推进剂火箭发动机比,要增加推进剂输送和控制部件。

2)膏体推进剂流变性不太稳定,与温度呈指数关系,会影响内弹道特性和调节精度,因此有待进一步研究,如果规避了以上缺点,膏体推进剂火箭发动机作为一种新型火箭动力源将有良好的应用前景。

由于膏体推进剂火箭发动机集固体和液体火箭发动机优势于一体,因此它的应用范围很广泛。在军事领域,膏体火箭发动机可以用作战略导弹弹头中段制导的姿态发动机和末修发动机,机动突防动力装置,反导弹、反卫星武器的动力装置,多弹头分导洲际导弹的子弹头末推发动机以及动能武器弹头发动机等。在航天领域,膏体火箭发动机可以用作卫星的变轨发动机,可发射不同轨道的卫星以及用于不同载荷的发射。

6.1　膏体火箭发动机的系统组成及工作原理

6.1.1　膏体火箭发动机的系统组成

　　正如膏体推进剂由传统的固体推进剂演变而来一样,膏体火箭发动机也是由传统的固体火箭发动机演变而来的。如图 6-1(a)所示,第一种膏体推进剂发动机系统由燃烧室、固体推进剂药柱、点火器、膏体推进剂、送料活塞以及带孔的挡药板和喷管组成。膏体推进剂储箱与燃烧室合在一起,通过送料活塞将膏体推进剂挤入燃烧室。其工作过程如下:首先,点火器工作使得固体推进剂药柱发生内孔燃烧,高温燃气从中心进入燃烧室;其次,在送料活塞的作用下膏体推进剂以一定的流量从挡药板的小孔喷入燃烧室;再次,中心的高温燃气点燃喷入的丝状膏体推进剂,燃烧产生高温高压燃气;最后,高温高压燃气在喷管中膨胀做功,产生推力。然而,图 6-1(a)所示的结构无法满足多次关机和起动的要求,于是便衍生出了图 6-1(b)(c)所示的系统结构。

　　如图 6-1(b)所示,第二种膏体火箭发动机系统由驱动装置、膏体推进剂储箱、节流装置、点火器、推力室和压力反馈系统组成。该系统结构中推进剂储箱与燃烧室分开。膏体推进剂在驱动装置和节流装置的作用下以一定的流量供给进入燃烧室;喷入燃烧室的膏体推进剂在等离子点火器的作用下被点燃,燃烧产生的高温高压燃气做功。通过压力反馈系统调节膏体推进剂流量,控制燃烧室压力,从而实现对发动机的推力控制和调节。由于膏体推进剂储箱和燃烧室实现了分离,膨胀做功的高温燃气流量等于被供给系统送入燃烧室的膏体推进剂的流量。通过控制节流装置的开闭,可实现膏体推进剂供给的开与停,从而可以实现膏体火箭发动机的多次关机和起动。

　　如图 6-1(c)所示,第三种膏体火箭发动机系统由驱动装置、推进剂储箱、调节阀、喷丝块、点火器和推力室组成。该系统中推进剂储箱也与燃烧室分开,驱动装置采用往复式活塞缸。膏体推进剂通过带有调节阀的喷头块由储箱中喷入燃烧室。这种结构可以用于姿轨控发动机(见图 6-2),且可以实现多台发动机共用一个膏体推进剂储箱,从而使得发动机结构紧凑,可以提高发动机性能。

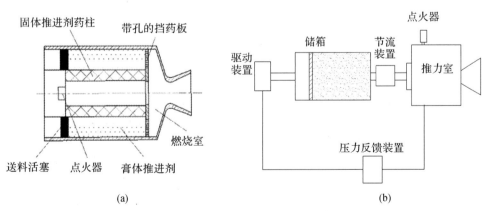

(a)　　　　　　　　　　　　　　　(b)

图 6-1　膏体火箭发动机系统结构示意图

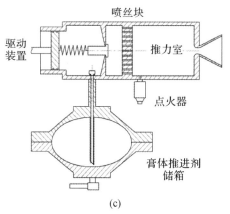

(c)

续图 6-1　膏体火箭发动机系统结构示意图

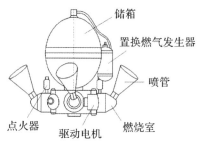

图 6-2　俄罗斯某姿轨控膏体发动机

总体来说,膏体火箭发动机系统主要由膏体推进剂储箱及供给系统、点火系统和推力室组成。相比凝胶火箭发动机,由于膏体推进剂同时含有氧化剂和燃料,可直接点火燃烧,因此膏体火箭发动机各组件的结构和功能具有一定的独特性。

6.1.1.1　膏体推进剂供应系统

推进剂供应系统的功能一般有两点:给推进剂提供足够的压力和将推进剂以一定的流量稳定地送入燃烧室。此外,根据实际工作特点,供应系统中还应包括防回火装置。膏体推进剂发动机一般用于姿轨控发动机,需要反复地短脉冲工作,因此一般采用挤压式供应系统。膏体推进剂供应系统一般由驱动装置、活塞、管路、流量调节控制元件和阀门组成。

不同推进剂供应系统的主要区别在于驱动装置、流量控制元件和防回火装置。驱动装置一般分为液压驱动和电机驱动两种。图 6-3 为液压驱动式膏体推进剂供应系统,为了防止液压油泄漏,一般液压缸和储箱是分离的,这样会使得发动机供应系统的长度较长,不利于发动机集成。

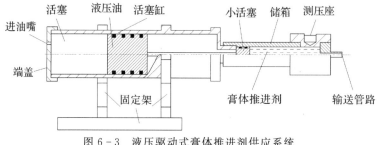

图 6-3　液压驱动式膏体推进剂供应系统

图 6-4 为电机驱动式膏体推进剂供应系统,虽然不存在液体泄漏的现象,但由于螺杆的存在,发动机供应系统也很长。由于膏体推进剂黏性大,电机输出功率一般比较大。此外,发动机质量流量越大,对电机功率密度的要求就越高。

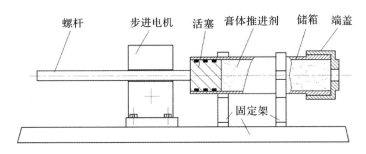

图 6-4　电机驱动式膏体推进剂供应系统

俄罗斯的研究人员还提出了一种图 6-5 所示的往复活塞缸式驱动装置及推进剂供应系统,这种结构可以认为是一种泵压式推进剂供应系统。驱动机构驱动活塞缸做往复运动,将膏体推进剂不断地从储箱"吸出"和"挤入"燃烧室。

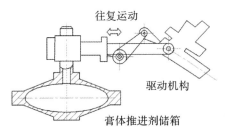

图 6-5　往复活塞缸式驱动装置及推进剂供应系统

试验发现,当流速变化时,火焰会通过喷丝块的环形缝发生回传。通过分析发动机测试的失败案例发现,增加推力时,喷丝块的可调狭缝宽度会突然增大,导致膏体推进剂在其中不连续。如果膏体推进剂不能及时将狭缝的空间完全填充,火焰将从燃烧室通过不连续的缝隙传入推进剂储箱,从而可能导致发动机爆炸,于是提出靠近环形入口处设置环形橡胶片的解决方案。当在喷丝块的可调环形狭缝的入口处安装环形橡胶片时,狭缝的突然增大将会使得膜片与狭缝之间产生填充结构,从而使得膏体推进剂连续流动,防止火焰通过喷丝块回传。

6.1.1.2　点火系统

膏体火箭发动机最主要的目的是通过结构相对简单的装置实现发动机的多次起动和推力调节功能。相应地,点火系统需要安全可靠地实现首次点火和多次点火。

根据目前的报道,膏体发动机点火难度一般不大,首次点火与固体火箭发动机的点火方式类似,存在黑火药点火、电弧点火、等离子点火以及固发药点火等方式。其中,电弧点火和等离子点火可以多次起动,从而实现膏体发动机多次点火。有些发动机采用低燃速固发药燃烧,产生长明火,从而实现膏体发动机多次点火起动。此外,在多次起动时间间隔较小(小于 60 s)的情况下,采用热栅格预热点火的方式,可以实现膏体发动机的多次点火起动。

6.1.1.3　推力室

膏体火箭发动机推力室一般由喷注器、燃烧室和喷管组成。膏体推进剂经过推进剂供应系统,通过喷注器喷入燃烧室,在燃烧室内燃烧,最终使燃烧室产物从喷管喷出产生推力。

喷注器主要是将一定量的膏体推进剂按预定的需求喷入燃烧室。为了防止燃烧室火焰回传,喷注器一般需要孔径或孔隙可变,从而使得喷注孔一直充满膏体推进剂。此外,还需要对喷注器进行热防护处理。膏体推进剂往往只需要喷注成丝状就可以高效地燃烧。因此,在有些文献中,膏体发动机的喷注器也被称为"喷丝块"。

由于膏体推进剂氧化剂和燃料是预先均匀混合的,燃烧室内不存在掺混过程。因此,燃烧室的结构和长度仅与膏体推进剂的喷注速度和燃烧速度有关。

同时,由于膏体推进剂是由固体推进剂演变而来的,燃烧产物基本变化不大。因此,喷管的结构形式和设计方法和固体火箭发动机类似。

6.1.2 膏体火箭发动机的工作原理

膏体火箭发动机燃烧室内的燃烧过程分为 3 个阶段:初始燃烧阶段、稳定燃烧阶段和余药燃烧阶段。3 个阶段的燃烧过程示意图如图 6-6 所示。

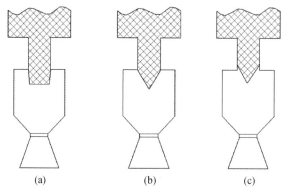

图 6-6 膏体火箭发动机燃烧室内的燃烧过程示意图
(a)初始燃烧阶段;(b)稳定燃烧阶段;(c)余药燃烧阶段

(1)初始燃烧阶段

膏体推进剂受挤压进入管道之中,在管道出口处被点火发动机点燃,此刻主要表现为推进剂前端面燃烧。由于膏体推进剂的挤出速度大于其燃烧速度,因此初始阶段挤出管道的膏体推进剂不断增多、燃面不断增大,燃烧变为侧端同燃,并逐渐变为以侧面燃烧为主。由于连续不断地挤出以及膏体推进剂侧端同燃的特点,前期挤出的膏体推进剂侧面烧去肉厚多于后期挤出的,使燃面形状逐渐变为锥台形状,如图 6-6(a)所示。

(2)稳定燃烧阶段

进入燃烧室的膏体推进剂燃面面积达到一定程度后,使膏体推进剂燃烧消耗的质量流率等于挤出供给的质量流率,致使燃面基本稳定在固定位置,且类似于圆锥形状,如图 6-6(b)所示。

(3)余药燃烧阶段

驱动装置及挤进活塞停止推挤后,管道内的剩余膏体推进剂产生后续燃烧。在该阶段,膏体推进剂圆锥形燃面向管道内移动,使面积逐渐减小,如图 6-6(c)所示。

6.1.3　膏体推进剂燃面变化规律

在固体火箭发动机中,装药燃面由几何燃烧定律推导,认为在整个燃烧过程中,装药按平行层燃烧规律逐层燃烧,根据燃面形状确定燃面方程。对于膏体推进剂火箭发动机,膏体推进剂一旦通过输运管道末端面进入燃烧室即被点燃,膏体推进剂边供给边燃烧,推进剂燃面运动规律为:一方面,推进剂药柱因燃烧产生燃面的退移;另一方面,因挤压产生向前的移动。因此,推进剂燃面受燃烧速率($\dot{r}$)和流动速度(v)共同影响。为研究其燃面变化规律,现选取 t_0 时刻,c 截面处的推进剂药柱,对其整个燃面的变化过程进行分析。

图 6-7 为 c 截面药柱从流出推进剂储箱到燃烧完全过程中燃面变化示意图。由图 6-7 可知,t_0 时,c 截面药柱经过输运管道末端面进入燃烧室,装药侧面开始燃烧,燃面沿径向退移,药柱一边燃烧,一边向前流动。经过时间 $\Delta t = t_1 - t_0$,药柱沿径向烧去厚度 $f = \dot{r}(t_1 - t_0)$,轴向移动距离 $l = v(t_1 - t_0)$。分析 c 截面处药柱燃面运动状态:药柱燃面因燃烧产生沿径向的退移,为推进剂燃速;因挤压产生沿轴向流动,流动速度为 v,膏体推进剂燃面运动速度如图 6-8 所示。

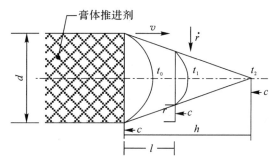

图 6-7　c 截面药柱从流出推进剂储箱到燃烧完全过程中燃面变化示意图

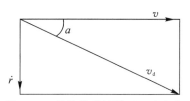

图 6-8　膏体推进剂燃面运动速度

装药燃面运动速度大小为

$$v_d = \sqrt{v^2 + \dot{r}^2} \tag{6-1}$$

速度方向与水平夹角为

$$\alpha = \arctan(\dot{r}/v) \tag{6-2}$$

药柱燃面以恒定速度 v_d 运动,运动轨迹为一条斜直线,与水平方向夹角为 α,当 $t = t_2$ 时,c 截面处燃面退移到中心轴线,药柱燃烧完,由此可知,在平衡燃烧段,膏体推进剂整个燃面形状近似于圆锥状。药柱从燃烧开始到结束所经历的时间可近似计算为 $t = t_2 - t_0 = d/2\dot{r}$,圆锥底部直径为输运管道孔径 d,圆锥的顶角为 2α,圆锥的高为

$$h = v(t_2 - t_0) = v_d/(2\dot{r}) \tag{6-3}$$

在实际工作中,发动机处于平衡段时,燃烧室压力存在一定波动,使推进剂燃速产生波动,燃速方向也随着燃面变化,因此,推进剂真实燃面形状为钝头形,且趋向于圆锥形,可将圆锥状燃面模型作为一种理论模型来计算点火特性。

6.2 膏体推进剂

膏体推进剂是由固体推进剂演变而成的一种新型化学推进剂,它用少量凝胶剂或增稠剂,将约为其用量 3～1 000 倍(质量分数)的液体黏合剂组分(氧化剂或燃烧剂或二者的混合物)凝胶化,液体黏合剂组分可占总质量分数的 20%～50%。大量的常规固体推进剂组分均匀地悬浮于体系中,形成一种非液非固、可逆的、触变的牛顿假塑性流体,可直接灌装进发动机或储箱内,形成类似牙膏状的浆料,称作膏体推进剂。

6.2.1 膏体推进剂组成

膏体推进剂由液体黏合剂、凝胶剂或增稠剂和常规固体推进剂(如氧化剂、燃烧剂和添加剂等)组成。一些膏体推进剂的详细配方见表 6-1。

液体黏合剂的选择对膏体推进剂的性能至关重要,尤其对高能、高燃速配方更是如此。液体黏合剂一般含氧化性成分,如氧、氯、氟等,或者无氧化性,但能自行燃烧,有良好的浸润性,玻璃化转变温度≤-70℃。目前国外选用的液体黏合剂由含能有机胺盐、溶剂和增稠剂 3 个主要组分构成。有机胺盐可分为 3 种。

(1)多乙烯多胺的过氯酸盐

以该盐形成的黏合剂是 $HClO_4$ 质量分数处于 40%～50% 之间的乙二醇溶液,为淡棕色液体,不易爆炸,易燃,密度 1.38 g/cm^3,四级毒性。在 4.0 MPa 下自燃速度可达 100 mm/s,制成的推进剂燃速可达 500 mm/s,其已被用于气象火箭发动机。

(2)多乙烯多胺的硝酸盐

它是一种黏稠液体,稳定性很好,240℃分解,对机械冲击不敏感,密度为 1.28 g/cm^3,玻璃化温度为-70℃,主要用于无烟推进剂和枪炮药。

(3)多乙烯多胺的 $HN(NO_2)_2$ 盐

该盐具有明显的爆炸性,密度为 1.17～1.37 g/cm^3,主要用于高比冲推进剂,所制成的无烟配方比冲达 2 744 N·s/kg,燃速压强指数约为 0.8。据资料介绍,仅俄罗斯掌握了合成多乙烯多胺盐黏合剂技术。

制备膏体推进剂的关键之一在于选择有效的凝胶剂或增稠剂。凝胶剂或增稠剂一般可分为 2 类:一类为亲液性、高极性的合成聚合物或经改性的天然有机高聚物,如相对分子质量从几万到几十万的纤维素衍生物(羧甲基纤维素、羟乙基纤维素和纤维素盐等)、各种树胶以及聚丙烯酰胺等;向高分子聚合物中引入大量含能基团,使其成为稳定的富能组分,如 GAP、侧链硝胺基聚醚聚氨酯及硝酸酯类、硝基烷基醚类和硝胺基醚类聚合物。另一类为各种精细分散的固体微粒,如精细铝粉、硼黑、二氧化硅和炭黑等,也可采用精细分散的且含有可燃有机基团的物质,其中,纳米级微粒可以进一步提高推进剂性能。

表 6-1　膏体推进剂配方

液体黏合剂	凝胶剂或增稠剂	常规固体推进剂组分	燃烧调节剂
N_2H_4（39.2%）	聚丙烯酰胺（3.0%）	Al（20.4%）$N_2H_5ClO_4$（37.4%）	/
多乙烯多胺（PEPA） （37.5%~40%）	NJ-4（0~1.25%）	Al（0~15%） AP（45%~60%）	FC-1（0~1.5%）
多乙烯多胺（PEPA）	PB06-12	97 无定型硼粉（37%~40%） AP（5%~10%）	Fe_2O_3（1%~2%）
硝基甲烷（NM）（34%）	NTO-Pb（2.0%） 凝胶剂（3.4%）	环三亚甲基三硝胺（RDX）（41.85%） 80nm Al（18.75%）	/

6.2.2 膏体推进剂的性能

6.2.2.1　能量性能

按一般配方组分计算，膏体推进剂比冲为 1 700~3 200 N·s/kg，燃烧产物温度为 1 000~3 500 K，密度为 1.3~2.2 g/cm³。

6.2.2.2　储存性能

膏体推进剂是高黏性的固液悬浮触变体。理想的膏体推进剂首先应具有良好的物理稳定性，以满足长期储存和使用的需要。为提高膏体推进剂的储存性能，往往需要在其中加入一定量的增稠剂。例如，肖金武等人在膏体推进剂中加入增稠剂 NJ-4，在 50℃储存 16 周，实验中的膏体推进剂表观黏度基本保持不变，说明其具有良好的储存稳定性，也说明膏体推进剂在储存过程中能保持良好的流动性，见表 6-2。

表 6-2　膏体推进剂储存期间表观黏度的变化

储存时间/周	50℃下表观黏度/(Pa·s)
0	107.4
1.6	91.9
5.3	107.4
16.2	115.0

6.2.2.3　流变性能

流变性能是膏体推进剂的关键性能，也是最难控制的性能之一。膏体推进剂发动机能否大幅度灵活地调节推力，实现多次起动，能否在脉冲工况下大范围地改变工作时间、冲量及工况转换的时间间隔，都涉及膏体推进剂的流变性能。膏体推进剂就其本身的物理和化学状态来说，属于中等或高度充填的分散系统，具有由固化剂和固体填充物粒子构成的复杂内部结构，它们既独立又有联系，因而具有不同的流变性能。

增稠剂种类、含量及温度会对膏体推进剂的流变学参数产生比较大的影响。研究发现，剪切速率在 0~10 s⁻¹时，膏体推进剂的流动遵循下式的 Ostwalld 幂定律，表明采用膏体推进剂的发动机可具有大幅度调节推力的能力,可采用不同的增稠剂来改变膏体推进剂的流变参数,以满足不同的使用要求。

$$\tau = K\gamma^n \tag{6-4}$$

式中:τ 为膏体的剪切应力,Pa;K 为稠度系数,Pa·s^n;γ 为剪切速率,s^{-1}。

温度变化可使膏体推进剂的内部结构发生变化,膏体推进剂的流变性能随温度变化规律见表 6-3。温度较低时,黏性很大,流变性能较差,有利于推进剂储存但不利于供应;当温度增大时,膏体推进剂黏性明显下降,流变性能好,有利于膏体推进剂供应。因此,可以考虑将膏体推进剂在温度较低的条件下储存,在投入使用之前将其加热到一定温度。

表 6-3　不同温度下膏体推进剂的流变性能

温度/℃	$K/(Pa \cdot s^n)$	n	γ/s^{-1}
0	1 515	0.557 9	0.979 7
10	950.5	0.340 9	0.988 3
20	634.1	0.332 9	0.987 4
30	436.2	0.393 7	0.992 9
40	5.673×10^{-6}	1.265	0.992 5

6.2.2.4　燃烧性能

膏体推进剂的基础配方与复合固体推进剂相近,在很大程度上呈现出复合固体推进剂的特性。膏体火箭发动机具有特殊的燃烧组织方式,即通过外力将储箱中的推进剂挤入燃烧室燃烧,外力中止,燃烧也就随之停止,以此来实现发动机的重复点火和多次起动。因此,要求膏体推进剂具有良好的点火性能和较高的燃速。

多火焰模型(BDP 模型)是应用最为广泛的固体推进剂燃烧模型。通过高速摄影和电子显微镜可以发现,膏体推进剂也满足 BDP 模型。当膏体推进剂燃烧时,表面熔化层内的凝相反应由氧化剂及黏合剂各自热分解和分解产物间非均相反应组成,总的热效应是放热。氧化剂颗粒周围存在 3 种火焰结构:AP 分解产物和 $HClO_4$ 形成的 AP 焰;AP 分解产物和黏合剂热解产物反应形成的初焰;黏合剂热解产物和 AP 火焰富氧产物反应形成的终焰,如图 6-9 所示。

图 6-9　膏体推进剂的燃烧火焰结构

燃速调节剂可以调节膏体推进剂的燃速和燃速压强指数,从而改善其点火性能。研究发现,燃速调节剂 FC-1 既能有效地提高膏体推进剂的燃速,又能明显降低其燃速压强指数,是膏体推进剂的良好催化剂。此外,把 FC-1 加入到膏体推进剂配方中,能显著降低推进剂的点火延迟时间,可有效改善膏体推进剂的点火性能。

6.3　膏体火箭发动机的内弹道计算

在实际情况下,膏体火箭发动机的工作过程是一个装药燃烧和气体流动相互影响的复杂过程,而且燃面几何形状变化十分复杂。因此,这是一个多维、有化学反应和有质量加入的流场计算问题。为了简化计算,不考虑流动参数沿轴向位置的分布变化,即采用零维内弹道的计算方法研究膏体火箭发动机工作过程中的内弹道特性。

6.3.1　内弹道微分方程

膏体推进剂火箭发动机零维内弹道计算的基本假设如下:

1)燃气流动参数取其沿轴向的平均值;

2)推进剂燃烧完全,燃烧产物组分不变,燃烧温度等于推进剂的等压燃烧温度;

3)燃气为完全气体,遵循完全气体状态方程;

4)推进剂燃烧遵循几何燃烧定律;

5)不考虑停止供给时的推进剂冲击作用;

6)忽略彻体力的影响;

7)推进剂在供给管道末端恰好开始燃烧。

根据以上假设条件,零维内弹道计算的理论依据主要为质量守恒定理和理想气体状态方程。以整个燃烧室的自由容积为控制体,按照质量守恒定理,燃烧室内燃气的质量 m_g 随时间的变化率等于燃烧室内的燃气生成率 $\dot{m}_b$ 与燃气通过喷管排出的质量流率 $\dot{m}$ 之差,即

$$\frac{\mathrm{d}m_g}{\mathrm{d}t} = \dot{m}_b - \dot{m} \tag{6-5}$$

$$\dot{m}_b = \rho_p A_b \dot{r} \tag{6-6}$$

$$\dot{m} = \frac{pA_t}{c^*} \tag{6-7}$$

式中: ρ_p 为膏体推进剂密度,kg/m³; A_b 为膏体推进剂燃烧面积,m²; $\dot{r}$ 为膏体推进剂平均燃烧速度,m/s; p 为燃烧室平均压强,Pa; A_t 为喷管喉部面积,m²; c^* 为特征速度, $c^* = \sqrt{RT}/\Gamma$,m/s。

燃烧室中的燃气质量 m_g 可以表示为

$$m_g = \rho_g V_g \tag{6-8}$$

式中: ρ_g 为燃气的平均密度; V_g 为燃烧室自由容积。

对式(6-8)微分,得到

$$\frac{\mathrm{d}m_g}{\mathrm{d}t} = \rho_g \frac{\mathrm{d}V_g}{\mathrm{d}t} + V_g \frac{\mathrm{d}\rho_g}{\mathrm{d}t} \tag{6-9}$$

式(6-9)表明,燃烧室内燃气质量随时间的变化率由 $\rho_g \mathrm{d}V_g/\mathrm{d}t$ 和 $V_g \mathrm{d}\rho_g/\mathrm{d}t$ 两部分组成。 $\rho_g \mathrm{d}V_g/\mathrm{d}t$ 表示在单位时间内因填充燃烧室增大的自由容积而增加的燃气质量, $V_g \mathrm{d}\rho_g/\mathrm{d}t$ 表示在单位时间内由于燃气密度改变所增加的燃气质量。

增加的燃烧室自由容积等于由于推进剂燃烧而消耗的推进剂体积,即

$$\frac{\mathrm{d}V_{\mathrm{g}}}{\mathrm{d}t} = A_{\mathrm{b}}\dot{r} \tag{6-10}$$

对燃气热状态方程 $\rho_{\mathrm{g}} = p/RT$ 微分,可得到

$$\frac{\mathrm{d}\rho_{\mathrm{g}}}{\mathrm{d}t} = \frac{1}{RT}\frac{\mathrm{d}p}{\mathrm{d}t} \tag{6-11}$$

综合式(6-5)~式(6-11),可得

$$\frac{V_{\mathrm{g}}}{RT}\frac{\mathrm{d}p}{\mathrm{d}t} = (\rho_{\mathrm{p}} - \rho_{\mathrm{g}})A_{\mathrm{b}}\dot{r} - \frac{pA_{\mathrm{t}}}{c^{*}} \tag{6-12}$$

对于膏体推进剂,其燃烧速度满足指数燃速定律

$$\dot{r} = \alpha p^{n} \tag{6-13}$$

因此,式(6-12)可写成

$$\frac{V_{\mathrm{g}}}{RT}\frac{\mathrm{d}p}{\mathrm{d}t} = (\rho_{\mathrm{p}} - \rho_{\mathrm{g}})A_{\mathrm{b}}\alpha p^{n} - \frac{pA_{\mathrm{t}}}{c^{*}} \tag{6-14}$$

式(6-14)就是计算膏体火箭发动机零维内弹道(p-t 曲线)的微分方程。

6.3.2 膏体推进剂燃面方程

膏体推进剂的燃面大小受供给速度、供给管道尺寸以及喷嘴型面等因素影响。此外,它还与点火时间有关,即膏体推进剂挤出型面随时间不断变化,点火成功时的挤出型面才是真正的推进剂燃面。为简化起见,现作如下假设:

1)膏体推进剂连续等速挤出;

2)膏体推进剂流入燃烧室即开始燃烧,初始燃面为管口横截面积;

3)膏体推进剂燃速垂直于挤出方向,且遵循几何燃烧定律;

4)忽略彻体力的影响;

5)膏体推进剂不因壁面传热而提前燃烧;

6)不考虑膏体推进剂在固体壁面的黏附影响。

膏体火箭发动机燃烧室内的燃烧工作过程分为三个阶段:

(1)初始燃烧阶段

初始燃面为管道的截面积,燃面变化如图 6-10 所示。在 t 时刻燃面为 A_{b},在 $t+\mathrm{d}t$ 时刻,燃面为 $A_{\mathrm{b}}+\mathrm{d}A_{\mathrm{b}}$。膏体推进剂持续挤出,端面燃面减小,侧面燃面增大,燃面变化可以分为两部分,分别为:①推进剂持续挤进造成的燃面侧面的增加量 $\mathrm{d}A_{\mathrm{b1}}$,即顶端增加的圆台侧面积;②由于侧面燃烧产生的端面减小量 $\mathrm{d}A_{\mathrm{b2}}$,即推进剂向中心燃烧而减小的圆环面积。

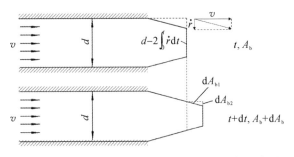

图 6-10 膏体推进剂初始燃烧阶段燃面变化示意图

膏体推进剂挤出造成的侧面增加量为

$$dA_{b1} = 2\pi\left(\frac{d}{2} - \int_0^t \dot{r}dt\right)\sqrt{v^2 + \dot{r}^2}\,\delta t \qquad (6-15)$$

由于侧面燃烧造成端面面积的减小量为

$$dA_{b2} = -2\pi\left(\frac{d}{2} - \int_0^t \dot{r}dt\right)\dot{r}\delta t \qquad (6-16)$$

综合式(6-15)和式(6-16)，总燃面的变化率为

$$\frac{dA_b}{d_t} = \frac{dA_{b1}}{\delta t} + \frac{dA_{b2}}{\delta t} = 2\pi\left(\frac{d}{2} - \int_0^t \dot{r}dt\right)\left(\sqrt{v^2 + \dot{r}^2} - \dot{r}\right) \qquad (6-17)$$

(2)稳定燃烧阶段

在稳定燃烧阶段，$dA_b = 0$，膏体推进剂出管道口恰好开始燃烧，燃面稳定时形成一个表面积不变的锥体，如图 6-11 所示，因燃速 $\dot{r}$ 与挤进方向相互垂直，锥顶角为 $\alpha = 2\arctan(\dot{r}/v)$，此时，燃面为锥体的侧面积，燃面面积为

$$A_b = \frac{\pi d^2}{4\sin(\alpha/2)} = \frac{\pi d^2}{4}\frac{\sqrt{v^2 + \dot{r}^2}}{\dot{r}} \qquad (6-18)$$

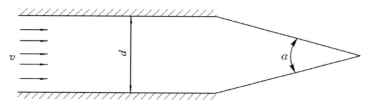

图 6-11　膏体推进剂稳定燃烧阶段燃面示意图

(3)余药燃烧阶段

膏体推进剂停止挤出，燃面由最大锥面开始不断减小，直到推进剂燃烧结束，如图 6-12 所示。此时燃面变化率为

$$\frac{dA_b}{dt} = -2\pi\left(\frac{d}{2} - \int_{t_1}^t \dot{r}dt\right)\sqrt{v^2 + \dot{r}^2} \qquad (6-19)$$

式中，t_1 为膏体推进剂停止挤进的时刻。

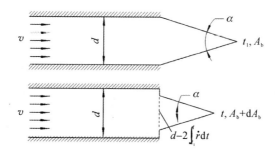

图 6-12　膏体推进剂余药燃烧阶段燃面变化示意图

6.3.3　平衡压强

当燃烧室内燃气生成率 $\dot{m}_b$ 等于通过喷管排出的燃气质量流率 $\dot{m}$ 时，燃烧室压强处于平

衡状态,此时的压强称为平衡压强 p_{eq}。由于膏体火箭发动机采用管道挤出的方式供给膏体推进剂,因此在平衡状态时,推进剂的供给质量流率也应该等于喷管排出的燃气质量流率 $\dot{m}$。于是,对于平衡状态下的膏体火箭发动机,根据质量守恒定律有

$$\dot{m} = \rho_p v A = \frac{A_t p_{eq}}{c^*} \Rightarrow p_{eq} = \frac{\rho_p v A c^*}{A_t} \tag{6-20}$$

式中:v 为膏体推进剂管道供给速度;A 为供给管道总截面积。

6.4 膏体火箭发动机的关键技术与应用实例

6.4.1 推力调节和多次起动技术相关的基础性问题

6.4.1.1 推力调节技术相关的基础性问题

膏体推进剂火箭发动机工作时,膏体推进剂通过供给系统以一定的流量进入燃烧室,发生燃烧反应,但是,膏体推进剂不需要经历雾化和掺混过程,燃烧方式与固体推进剂较为接近,燃气生成速度受推进剂种类、燃面和燃烧室压强影响。

发动机最理想的工作状态为喷入燃烧室的膏体推进剂完全燃烧生成可做功产生推力的气体。因此,存在推进剂供应流量和燃烧速度(燃面、燃速)匹配的问题。对于某一膏体推进剂,燃速基本上为固定的。因此,推力调节的关键技术在于对膏体推进剂燃面的控制和调节。

膏体推进剂在输送挤出过程中,由于黏弹性作用,挤出部分的直径和厚度都会有所增加,与管道形状有所差异,这种现象通常称为挤出胀大效应。对于圆形截面管道来说,通常用挤出物直径 D_e 与管道直径 D 的比值来表征挤出胀大比 B,即

$$B = D_e / D$$

挤出胀大现象是膏体推进剂在流动期间存在可恢复的弹性变形造成的。

在锥形扩张喷嘴内,膏体推进剂模拟液挤出胀大型面及过程大致如图 6-13 所示。整个挤出过程可以分为射流、胀大和填充三个阶段。膏体推进剂从喷嘴中挤出的型面外表面即为其燃面。因此,研究膏体推进剂的挤出胀大现象对分析膏体推进剂火箭发动机燃面以及内弹道特性具有重要意义。

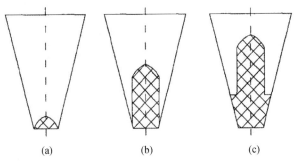

图 6-13 膏体推进剂的挤出胀大现象

(a)射流;(b)胀大;(c)填充

6.4.1.2　多次起动的关键技术

在膏体推进剂的供应系统中,通过控制阀门的开闭可以实现膏体推进剂供应的开与停,即理论上可以实现膏体发动机的多次起动。多次起动的关键技术在于有效熄火、防回火和推进剂供应的重启时间。

由于膏体推进剂氧化剂和燃料是预先均匀混合的,在停止供应膏体推进剂之后,残留的推进剂会继续燃烧,因此存在火焰回传等问题。初步试验研究表明,当管路直径小于一定值后,在膏体推进剂填充满管路的条件下,可有效防止火焰回传。然而,临界管径 R、熄火温度 T_{ex} 和熄火距离 L_{ex} 等的关系和规律还不够明确,如图 6-14 所示,特别是熄火温度为 1 200 K 时存在明显的随机性和波动性。因此,还需要对其中的机理和模型进行更加深入的研究。

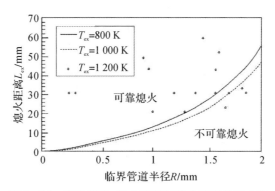

图 6-14　临界管径、熄火温度和熄火距离关系曲线

膏体推进剂停止供给一段时间后,管道内仍有残留的膏体推进剂。受到燃烧的影响,推进剂会在供给管路和喷注器上发生干化凝固,再加上膏体推进剂本身具有的触变性,只有通过一定的外力克服其屈服应力,供给才能重新进行,发动机也才能实现重新起动。从开始起动到实现稳定供给有一个时间过程,这一时间长度定义为重启时间。重启实质上涉及流动的压力以及迟滞现象,关系到对内弹道的精确调控。因此,研究膏体推进剂火箭发动机重启模型对发动机设计及其工作性能预估具有重要意义。

如图 6-15 所示,膏体推进剂火箭发动机停止工作一段时间后,在推进剂储箱与防回火装置之间的一段长 L、直径为 D 的管道,管道两端存在压差 Δp_T,在压差作用下,新供给推进剂会以恒定平均速度 v_c 将残留于管道内的推进剂从管道挤入燃烧室中。图中 v_f 表示压力波的传播速度,可通过下式计算:

$$v_f \approx c = \sqrt{\left(\frac{\mathrm{d}p}{\mathrm{d}\rho}\right)_{\rho=\rho_0}} = \sqrt{\frac{1}{\beta\rho_0}} \qquad (6-21)$$

式中, β 为压缩系数。

重启时间 t_0 可以通过下式估算:

$$t_0 = L/v_f \qquad (6-22)$$

图 6-16 为管径 D 分别为 4 mm 和 6 mm,管长 L 均为 240 mm 条件下,重启时间随入口流速 v_c 变化的曲线。由图 6-16 可知,膏体推进剂管道重启时间随流速 v_c 增大而减小。管道直径越小,重启时间越长。一般重启时间在几毫秒至几十毫秒之间。

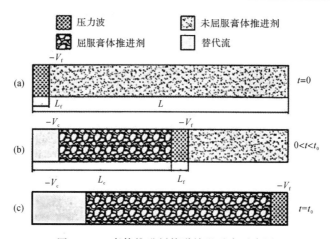

图 6-15　膏体推进剂管道输送重启示意图

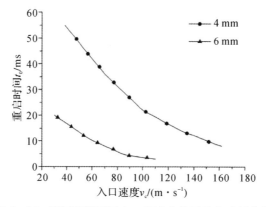

图 6-16　不同管径不同入口速度条件下重启时间曲线

膏体推进剂重启时间的研究对于膏体火箭发动机多次起动的研究有着极为重要的意义，由于存在这一现象，发动机推力调节性能也会受到影响，调节速度会大大降低。因此，缩短膏体推进剂重启时间对于推力调节有着极其重要的意义。

6.4.2　多次起动试验

6.4.2.1　试验系统与方案

沈铁华等对膏体推进剂发动机进行了热格栅点火和多次起动的试验研究。

试验系统包括高压冷气源及气路组件、活塞式可挤压储箱、单向阀、输料阀、膏体推进剂、推力组件以及试验控制和测试系统，如图 6-17 所示。

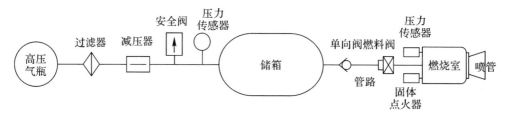

图 6-17　膏体火箭发动机试验系统

试验采用高压氮气作为挤压冷气源,经过滤、减压后以恒压(7.5 MPa)作用于活塞式可挤压储箱,通过燃料阀进行开关控制。燃料阀响应时间为 18 ms,最大供料流量为 1.5 kg/s,脉冲控制精度为±0.5 g(7.5 MPa,28℃实测)。气源组件、可挤压储箱、单向阀以及燃料阀统称为推进剂供应装置。

试验用膏体推进剂参数:密度为 1.5 g/cm³,比冲为 1 600 m/s,静态燃温约 1 500 K(均为实测数据)。该配方具有良好的点火性能和常温流动性能,通过了 100g 的离心过载试验,物化性能稳定。

推力组件主要由喷管、燃烧室、绝热层、固体点火器、热格栅和喷注器等组成。燃烧室内绝热层为短切高硅氧玻璃纤维/环氧预制件,固体点火器装药量为 15 g。

利用热格栅余热进行多次点火起动的方案,解决了多次起动所需点火热源的问题。首次点火采用一个外置的固体点火器,后续启动则依靠燃烧室内热格栅余热进行多次点火,使用预设的点火程序进行点火控制。

6.4.2.2　热格栅点火实验结果

利用膏体发动机试验系统连续进行了 10 个脉冲的点火试验,测试了点火参数,检验了热格栅余热点火的效果。试验测试数据见表 6-4,燃烧室压强曲线如图 6-18 所示。

表 6-4　热格栅点火试验测试数据

脉冲序列	脉冲宽度 s	点火延迟 s	点火压强 kPa	压力脉冲 (kPa·s)	关闭时间 s	点火方式
1	6.147	0.005	4 114	15 033	5	固发点火
2	0.111	0.204	4 420	211	5	热格栅
3	0.110	0.169	6 256	304	10	热格栅
4	0.108	0.228	6 275	307	10	热格栅
5	0.107	0.283	6 536	312	15	热格栅
6	0.107	0.334	6409	313	5	热格栅
7	0.110	0.353	6 676	331	5	热格栅
8	0.106	0.375	6 568	323	1	热格栅
9	0.111	0.343	6 052	317	0.5	热格栅
10	0.411	0.302	9 182	1 923	停机	热格栅

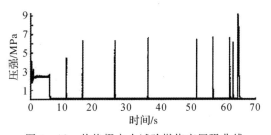

图 6-18　热格栅点火试验燃烧室压强曲线

试验结果表明,选用的膏体推进剂具有很好的热格栅点火性能,点火参数分布也比较均匀,但点火延迟时间较长,这与供料参数匹配、燃烧室绝热状况和热格栅结构有较大关系,需作进一步的调整。

6.4.2.3 多次关机/起动试验结果

沈铁华等还利用膏体发动机试验系统进行了3个脉冲的关机/起动试验:额定工作时间为136 s,共完成三个脉冲;首脉冲由固体点火器点火,后续脉冲则由热格栅余热点火,相邻两个脉冲之间的关机时间为60 s。试验测试数据见表6-5,燃烧室压强曲线如图6-19所示。

表6-5 多次起动试验测试数据

	点火压强 /MPa	点火延迟 时间/s	平均压强 /MPa	压力脉冲 /(kPa·s)	工作时间 /s	关闭时间 /s	平均流率 /(g·s⁻¹)
脉冲1	3.0	0.009	1.72	14 429	6.5	60	/
脉冲2	8.0	/	1.62	8 312	3.6	60	/
脉冲3	7.9	/	1.85	17 296	6.7	停机	/
总和	/	/	/	40 037	16.8	120	50.7

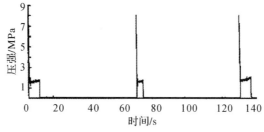

图6-19 多次启动燃烧室压强曲线

试验结果总体较为理想,获得了3个比较稳定的脉冲。脉冲点火正常,但第2和第3个脉冲的点火压强峰值偏高,约为8 MPa,这是由点火程序控制的脉冲供料过量引起的。另外,由于测试系统故障,后2个脉冲的点火延迟时间未能采集到。

第1脉冲的起始段存在压强振荡现象,主要是热格栅起始温度低造成的,膏体推进剂进入燃烧室前受到的反馈热量不够,易引起燃烧不稳定和压强振荡。随着热格栅温度的升高,压强振荡将很快收敛。

第2脉冲稳态段的室压相对平稳,而第3脉冲室压以0.046 MPa·s的梯度缓慢爬升,可能是燃烧室温度的升高和储箱内推进剂、阻燃剂混合黏度特性改变所造成的。

各个脉冲工作结束后关机正常,没有出现回火现象。试验结束后储箱内仍留有约80 g膏体推进剂。

6.4.3 推力调节试验

6.4.3.1 试验系统

李越森等人通过图6-20所示的试验发动机完成了脉冲式膏体推进剂发动机的地面热试,成功实现了两次脉冲工作,初步验证了膏体推进剂在使用上的安全性和脉冲式膏体推进剂发动机在推力调节和多次起动方面的可行性。

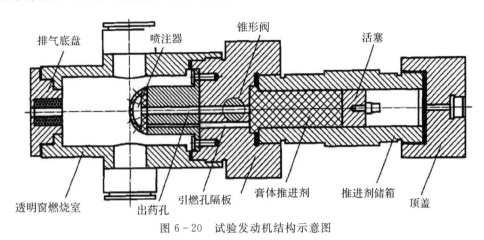

图 6-20　试验发动机结构示意图

6.4.3.2　试验结果和分析

实现发动机的脉冲燃烧必须解决以下两个问题:①确定燃烧方式;②实现多次点火。对于膏体推进剂来说,燃烧方式有边挤边燃烧和先堆积再燃烧两种方式。根据目前的试验条件和水平,决定暂采用后一种方式。解决问题②的办法是使用一种称为"引燃管"的装置。引燃管中装填某种缓燃型药,管径和药量可根据所需要的脉冲数量来确定。引燃管在发动机工作期间保持常燃,由它多次点燃膏体推进剂的脉冲式出药。在解决了上述关键问题之后,还进行了大量的试验,得到了一系列 p-t 曲线(记录速度为 50 mm/s),如图 6-21 所示。

表 6-6 列出了各曲线的多脉冲试验结果(平衡段宽度、压力、脉冲间隔时间以及压力爬升时间等)。数据显示,脉冲式膏体推进剂发动机产生的脉冲工作时间可以任意调节(0.8~2.8 s)。各脉冲的工作时间可以相同(如 4 号试验),也可以不同(如 2 和 3 号试验)。脉冲压力的情况也类似。脉冲间隔时间既可以较长(如 4 号试验为 20.8 s),也可以极短(如 1 号试验的两次脉冲几乎没有间隔)。尤其值得注意的是,第二脉冲(编号Ⅱ)的压力爬升时间均小于第一脉冲的压力爬升时间(编号Ⅰ),说明不熄火的情况对之后脉冲的点火性能有所改善,有希望实现快速起动(如 1 号试验第二脉冲的压力爬升时间仅为 0.05 s)。

表 6-6　多脉冲实验结果

实验编号	脉冲平衡宽度/s		脉冲压力/MPa		脉冲间隔/s	压力爬升时间/s	
	Ⅰ	Ⅱ	Ⅰ	Ⅱ		Ⅰ	Ⅱ
1	0.8	0.5	4.0	8.1	0.0	0.6	0.05
2	2.8	1.3	6.1	8.9	8.4	0.4	0.30
3	2.6	1.7	1.9	3.2	5.6	0.5	0.40
4	1.4	1.6	2.9	3.8	20.8	0.4	0.30

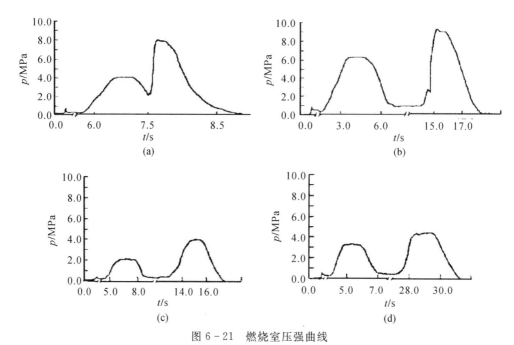

图 6 - 21 燃烧室压强曲线

(a)1 号实验曲线;(b)2 号实验曲线;(c)3 号实验曲线;(d)4 号实验曲线

以上试验结果在原理上验证了膏体推进剂发动机所具有的推力可调性和使用灵活性。与固体发动机相比,它可以很容易地实现脉冲推力;与液体发动机相比,它的结构简单得多(只有一个推进剂储箱,只有一套阀门控制系统进行推进剂流量调节)。膏体推进剂发动机的优越性主要得益于具有流变性的膏体推进剂本身。

此外,堆积式脉冲燃烧试验表明,第二脉冲的燃面往往难以控制,要以边挤边燃烧的方式获得脉冲 p - t 曲线,必须在挤出堆积与燃烧消耗的动态过程中保持稳定(或可控),才能克服由于膏体推进剂强度低而在燃烧过程中发生燃面无规律扩大的现象。因此,需要研究出一种类似于液体发动机上使用的喷嘴一样的装置。

参 考 文 献

[1] 邓哲. Al/AP 粉末推进剂点火燃烧及层流火焰传播模型研究[D]. 西安:西北工业大学,2016.

[2] LI C, HU C, XIN X, et al. Experimental study on the operation characteristics of aluminum powder fueled ramjet[J]. Acta Astronautica, 2016, 129:74 – 81.

[3] SUN H, HU C, ZHANG T, et al. Experimental investigation on mass flow rate measurements and feeding characteristics of powder at high pressure[J]. Applied Thermal Engineering, 2016, 102:30 – 37.

[4] 孙海俊. 粉末推进剂输送特性及对发动机燃烧振荡影响[D]. 西安:西北工业大学,2017.

[5] LI Y, HU C, DENG Z, et al. Experimental study on multiple – pulse performance characteristics of ammonium perchlorate/aluminum powder rocket motor[J]. Acta Astronautica, 2017, 133:455 – 466.

[6] 萨顿,比布拉兹. 火箭发动机基础[M]. 洪鑫,张宝炯,译. 北京:科学出版社,2003.

[7] 格列克曼. 液体火箭发动机自动调节[M]. 北京:宇航出版社,1995.

[8] 张育林. 变推力液体火箭发动机及其控制技术[M]. 北京:国防工业出版社,2001.

[9] 唐金兰,刘佩进. 固体火箭发动机原理[M]. 北京:国防工业出版社,2013.

[10] 武晓松,陈军,王栋. 固体火箭发动机原理[M]. 北京:兵器工业出版社,2010.

[11] 王毅林. 喉栓式变推力固体发动机原理试验研究[D]. 西安:西北工业大学,2007.

[12] 苗禾状. 喉栓式可控固体火箭发动机推力调节研究[D]. 哈尔滨:哈尔滨工程大学,2009.

[13] 张为华,程谋森,刘分元. 固体发动机推力随机调节的涡流阀方案研究[J]. 推进技术,1995,5(6):34 – 39.

[14] WALSH R F, LEWELLEN W S, STICKLEERJ D B. A solid – propellant rocket motor modulated by a fluidic vortex valve [J]. Engineering Notes, 1971,8(1):77 – 79.

[15] 卜昭献,覃光明,李宏岩. 单室多推力固体推进剂发动机[M]. 北京:国防工业出版社,2013.

[16] 王新强,邓康清,李红旭,等. 一种燃烧可控固体推进剂及其动力装置技术综述[J]. 推进技术,2017,1:96 – 93.

[17] 王宝成,李鑫,赵凤起,等. 凝胶推进剂研究进展[J]. 化学推进剂与高分子材料,2015,13(1):1 – 6.

[18] 符全军,杜宗罡,兰海平,等. UDMH/NTO 双组元凝胶推进剂的制备及性能研究[J]. 火箭推进,2006,32(1):48 – 53.

[19] NATAN B, RAHIMI S. The status of gel propellants in year 2000[J]. International Journal of Energetic Materials & Chemical Propulsion, 2002, 2(1):6 – 30.

[20] MORDOSKY J W, ZHANGF B Q, KUO K K. Spray combustion of gelled Rp – 1 pro-

pellants containing nano – sized aluminum particles in rocket engine conditions[J]. Aiaa Journal, 2000, 2(1)：3 – 15.

[21] 庞维强,樊学忠. 膏体推进剂及其在火箭发动机中的应用进展[J]. 化学推进剂与高分子材料, 2008, 6(1)：31 – 35.

[22] 杨海. 膏体火箭发动机工作特性试验与仿真研究[D]. 南京：南京理工大学, 2016.

[23] 周超. 膏体推进剂流变与输送特性研究[D]. 南京：南京理工大学, 2009.

[24] 张家仙. 膏体推进剂火箭发动机工作过程研究[D]. 南京：南京理工大学, 2009.

[25] 宋明德,叶定友,吴心平. 膏体推进剂和固体推进剂药浆稳态燃烧研究[J]. 固体火箭技术, 1998, 21(4)：9 – 14.

[26] 沈铁华,杨敬贤,孙庆曼. 膏体推进剂发动机试验[J]. 推进技术, 2004, 25(2)：173 – 175.

[27] 李越森,王德升,李歧海. 脉冲式膏体推进剂发动机实验研究[J]. 航空动力学报, 1998, 13(3)：87 – 91；126 – 127.

[28] 杨玉新,胡春波,何国强,等. 固液混合火箭发动机中的关键技术及其发展[J]. 宇航学报, 2008, 29(5)：1616 – 1621.

[29] RACHID A, NOBUYUKI A. Hydroxylammonium nitrate (HAN)– based green propellant as alternative energy resource for potential hydrazine substitution：from lab scale to pilot plant scale – up[J]. Combustion and Flame, 2017,176：334 – 348.

[30] 陈灏. 固液火箭发动机燃烧流动与燃面推移规律研究[D]. 西安：西北工业大学, 2007.

[31] 杨威,许敏,毛成立,等. 固液混合发动机燃面退移规律辩识方法[J]. 推进技术, 2006, 27(6)：481 – 483；509.

[32] 廖少英. 固液火箭发动机性能特征[J]. 上海航天, 2004,(5)：8 – 14.

[33] 张金容,泵压式液体火箭发动机变推力方案选择[J]. 航空动力学报,2008,23(5)：921 – 926.

[34] 周宁,重型补燃循环氢氧发动机变推力系统方案研究[D].北京：中国航天科技集团公司第一研究院, 2018.

[35] 雷娟萍,兰晓辉,章荣军,等. 嫦娥三号探测器 7500N 变推力发动机研制[J]. 中国科学：技术科学, 2014, 44(6)：569－575.